Ludwig Braun

Über Herzbewegung und Herzstoß

Ludwig Braun

Über Herzbewegung und Herzstoß

ISBN/EAN: 9783743369818

Hergestellt in Europa, USA, Kanada, Australien, Japan

Cover: Foto ©berggeist007 / pixelio.de

Manufactured and distributed by brebook publishing software (www.brebook.com)

Ludwig Braun

Über Herzbewegung und Herzstoß

Über Herzbewegung

und

Herzstoss

von

Dr. Ludwig Braun

emer. Assistenten
der III. medicinischen Abtheilung des k. k. Allgemeinen Krankenhauses in Wien.

Mit 2 Tafeln und 3 Abbildungen im Text.

JENA.
Verlag von Gustav Fischer.
1898.

Alle Rechte vorbehalten.

Vorwort.

Eine seltene Gelegenheit, die Bewegungen eines lebenden, blossliegenden Menschen-Herzens unter ausnehmend günstigen Verhältnissen durch längere Zeit beobachten zu können, ist mir der Anstoss zum Studium der Herzbewegung gewesen. Indem ich auf diesem vielumstrittenen Arbeitsgebiete eine neue Untersuchungs-Methode, die Kinematographie, zur Anwendung brachte, sind eine Reihe von Befunden entstanden, die ich hiermit zusammenfassend veröffentliche.

Wohl hatten im Prinzipe ähnliche, aber unvollkommenere Verfahren der Chrono-Photographie bereits bestanden und wurden auch zumtheile für die Untersuchung des Kaltblütler-Herzens herbeigezogen, doch führten dieselben mit Rücksicht auf das Object und auf die unzureichende Methodik keine wesentliche Erweiterung unserer Kenntnisse herbei.

Meine experimentellen Befunde standen nicht in allen Punkten im Einklange mit den gangbaren, klinischen Lehren. Ich hielt es daher auch für meine Aufgabe, an der Hand von klinischem Materiale die sich ergebenden Widersprüche zu schlichten. Frühere Publicationen und der zweite Theil dieser Schrift enthalten meine einschlägigen Resultate.

Der experimentelle Theil meiner Studien wurde mit dem Lechner'schen Kinematographen (Firma „W. Müller", Wien) im Institute für allgemeine und experimentelle Pathologie (Professor Stricker) in Wien, der klinische an der III. medicinischen Klinik, sowie an der III. und V. medicinischen Abtheilung des k. k. Allgemeinen Krankenhauses in Wien ausgeführt.

Es ist mir nicht mehr gegönnt, meinem hochverehrten, unvergesslichen Lehrer, Professor Stricker, durch Überreichung dieser Schrift auch nur einen geringen Theil meiner tiefen Dankbarkeit zu bezeugen für die reiche Förderung und Unterstützung, die meine Arbeiten durch ihn erfahren haben. Vor wenigen Tagen erst hat ihn der Tod uns entrissen. Seinem Andenken sei diese Schrift geweiht.

Ich habe weiters die angenehme Pflicht, den Herren Vorständen, welche mir die Ausführung meiner Untersuchungen ermöglichten, an dieser Stelle meinen ergebenen Dank zu sagen; es sind die Herren Hofrath, Professor v. Schrötter, Primarius Dr. Redtenbacher und Hofrath, Professor Drasche.

Ganz besonders fühle ich mich meinem geehrten Freunde, Herrn Docenten Dr. Arthur Biedl, Assistenten des Stricker'schen Institutes, der mich in unermüdlicher Weise bei meinen zahlreichen Thierversuchen unterstützt, gefördert und berathen hat, zu Dank verpflichtet.

Die Figuren im Texte sind einer Abhandlung von Ottomar Volkmer „Der Kinematograph etc." entnommen.

WIEN, im April 1898.

Inhalt.

	Seite
Frühere Untersuchungs-Methoden	1
Die kinematographische Methode	13
Die Technik der kinematographischen Methode und ihre Vortheile	28
Die Systole der Vorhöfe und die Inspection der Herzbewegung	35
Die Total-Bewegung des Herzens	40
Die systolischen Veränderungen des linken Ventrikels:	
1. Die Umformung	52
2. Die Lageveränderungen:	
a) Die Rotations-Bewegung	65
b) Die Hebel-Bewegung	78
Die Länge des Herzens und seiner Ventrikel während Diastole und Systole	81
Die Systole des rechten Ventrikels	89
Das Verhältnis der Contraction des rechten und des linken Ventrikels	96
Die Formveränderung des Herzens (Resumé)	101
Der Herzstoss	105

Frühere Untersuchungs-Methoden.

Das Herz ist ein Muskel und als solcher abwechselnd in Ruhe und in Erregung. — Es ist ein überaus complicirter Muskel, denn seine Wand ist aus einem Netzwerke von Fasern aufgebaut, die einander nach allen Richtungen des Raumes durchkreuzen und die zu einem dichten und mächtigen Geflechte verbunden sind.

Geht man von dieser Thatsache aus, dass man es im Herzen mit einem abwechselnd erregten und ruhenden, fast rein musculären Organe zu thun hat, dann wird man nothwendig zu der Annahme gedrängt, dass jede Formveränderung und jedwede Wirkungsart eines solchen Organs fast ausschliesslich von der Wirkungsweise seiner Muskelfasern abhängig sei und vorwiegend gewiss nur auf dem wechselnden Spiele der Contraction und der Erschlaffung seiner Fasermassen beruhe.

Die Formveränderung des Herzens während seiner Bewegung ist eine Function der Contraction der seine Wand bildenden Musculatur.

Harvey[1] . . . . . „Ex his mihi videbatur manifestum, motum cordis esse tentionem quanda ex omni parte, & secundum ductum omnium fibrarum constrictionem".

Das Studium der Herzbewegung hätte demnach mit einer erschöpfenden Beschreibung der das Herz constituirenden Muskelmassen zu beginnen, um aus der Anordnung und aus dem Verlaufe der Fasern ihre Wirkungsweise zu erschliessen.

Es ist ja die Aufgabe der beschreibenden Myologie, einerseits die Gestalt und die Ansatzpunkte des erschlafften Muskels

---

[1] Harvey: Exercitatio anatomica, de motu cordis et sanguinis in animalibus. Cap. 2.

zu bestimmen und andererseits die Wirkung zu ermitteln, die er durch seine Zusammenziehung üben kann.

Doch hat bereits Hesse[1]) betont, dass es nicht möglich sei, am Herzen aus einer Zergliederung der Fasern und einer darauf gegründeten analytischen Behandlung die Form im erschlafften und contrahirten Zustande der Muskulatur abzuleiten. Einem solchen Versuche müsste ja zunächst eine vollkommen erschöpfende Kenntnis vom Bau des Herzens vorausgehen.

Trotz des überaus grossen Aufwandes an Arbeit, die auf diesen Theil der Anatomie verwendet wurde, welche so bedeutende und hervorragende Darstellungen wie diejenigen von Casp. Frid. Wolff, E. H. Weber in Hildebrand's Anatomie, dieser Fundgrube anatomischen Wissens, u. a. m. producirt und zuletzt durch die Leipziger Physiologen-Schule bedeutende Förderung erfahren hat, kann dieser Weg zum Zwecke des Studiums der Herzbewegung auch heute noch nicht bis an seinen Endpunkt durchschritten werden. —

Für die Skelettmuskulatur konnte eine solche Methode allein bereits zum Ziele führen, weil man hier die Leistung des Muskels sowohl aus der Richtung seines Faserverlaufes als auch aus der Stellung seiner Ansatzpunkte ableiten kann.

Wir müssten auch am Herzen die Verlaufsrichtung jeder einzelnen Faser und die gegenseitige Lage ihrer Fixpunkte kennen. Diese Forderung ist jedoch nicht erfüllbar. Das erweist zur Genüge die Thatsache, welche bereits Remak[2]) im Jahre 1850 anführte, dass jede Faser der Herzkammern beim Menschen schon im Bereiche von $1/_{12}$ Linie sich mindestens einmal, zuweilen auch mehrfach verästelt.

„Es ist ja nicht einmal möglich, Gruppen von Fibrillen in ihrem ganzen Verlaufe nachzugehen, weil die Fasern nie auf längere Strecken zu Bündeln vereinigt bleiben[3])".

„Die Bedeutung des Resultats stände zudem mit der Schwierigkeit des Unternehmens in gar keinem Verhältnis. Denn es wird die Wirkung der vielfach durchflochtenen und fast ohne alles Bindegewebe zusammen gelagerten Primitivschläuche nicht

---

[1]) Beiträge zur Mechanik der Herzbewegung. Archiv f. Anatom. von His und Braune 1880, S. 328.

[2]) Remak: Über den Bau des Herzens. Archiv f. Anatomie und Physiologie, 1850. S. 77 und 78.

[3]) L. Krehl: Beiträge zur Kenntnis der Füllung und Entleerung des Herzens. Abh. der math. phys. Cl. der Kön. sächs. Ges. d. Wiss., Bd. XVII, No. 5, S. 341.

wesentlich durch die Lagenverhältnisse der Anfänge und Enden, sondern durch die Richtung des Verlaufs bestimmt, den sie auf gewissen kleineren oder grösseren Strecken nehmen. Dazu kommt, dass bei dem äusserst verwickelten Bau der Herzmuskelfaserung die Richtung, in der die Fibrillen wirken, viel mehr von dem Verhältnis zu den benachbarten Bündeln und den dadurch bedingten Hemmungen abhängig ist, als von der Lage der Anfangs- und Endpunkte" (C. Ludwig)[1].

Es dürfte nicht überflüssig erscheinen, an dieser Stelle die allgemeinen Schlussfolgerungen über die Wirkungsweise von Muskelfasern im allgemeinen, der Herzmuskelfasern im besonderen aufzunehmen, mit denen E. H. Weber in Hildebrand's Anatomie die Lehre von der Textur des Herzens einleitet. Sie treten in überzeugender Weise dafür ein, dass die systolische Umformung des Herzens einzig und allein von der Contraction seiner Musculatur abhängig sei; sie weisen aber auch auf die Unmöglichkeit hin, aus dem Baue des Herzens allein diese Umformung abzuleiten. Allerdings sind gerade die einleitenden Worte nicht unangefochten geblieben und in einer noch mehrfach zu erwähnenden Arbeit von Carl Ludwig widerlegt worden.

„Es gibt im Herzen keine Punkte, die als punctum fixum, als Anfangs- oder Befestigungspunkte und als punctum mobile, als bewegliche Endpunkte der Fasern betrachtet werden können. An der Grenze zwischen Herzkammern und Vorhöfen sind zwar die Fleischfasern durch eine, aus hartem, dichten Zellgewebe bestehende Linie unterbrochen und es gibt hier sichtbare Enden von Muskelfasern.

Allein diese Linie sowie der Rand der arteriellen Mündung der Herzkammern sind viel zu klein, als dass sich die unzähligen Fleischbündel des Herzens daselbst unmittelbar ansetzen könnten, und die Anstalten, welche die Natur bei anderen Muskeln getroffen hat, um eine grosse Anzahl von Fleischfasern auf einen einzigen kleinen Befestigungspunkt mittelbar wirken zu lassen, Sehnenfasern, an deren Seite sich die Muskelfasern einfügen, fehlen hier gänzlich; auch würde man sehr irren, wenn man die genannten Linien für unbeweglicher als andere Stellen des Herzens und also für Stütz- oder Befestigungspunkte hielte.

---

[1] Carl Ludwig: Über den Bau und die Bewegungen der Herzventrikel. Zeitschrift für rationelle Medizin, 7, 1849, S. 192.

Bei dem Gegeneinanderwirken der Muskelfasern müssen sich die Bewegungen an mancher Stelle allerdings aufheben und diese Stellen dadurch zu unbeweglichen werden; allein welche Stellen dies sind, lässt sich mit Gewissheit nicht ausmitteln. **Sehr wahrscheinlich findet dies an einer Stelle der Scheidewand der Herzkammern statt.**

Gerade Muskelfasern bringen, wenn sie sich verkürzen, mittelst ihrer Enden eine Bewegung anderer Theile hervor; gekrümmte Muskelfasern dagegen wirken durch die Veränderung ihrer Krümmung mittelst ihrer ganzen Seite auf benachbarte Körper. Bei geraden Muskelfasern summirt sich die bewegende Kraft, die die Verkürzung der Fasern in allen ihren Punkten hervorbringt, an den Enden und diese müssen daher sehr befestigt sein. **Eine muskulöse Faser, die ringförmig in sich selbst zurückläuft, bedarf keiner Befestigungs- und Endpunkte. Der Ring wird nur kleiner, wenn sie sich zusammenzieht.** Wenn sie auch keinen geschlossenen Ring darstellen, sondern, wenn sich die Enden derselben seitwärts an benachbarte Fasern anlegen und in deren Scheiden mit eingeschlossen werden, so wird dies doch dieselbe Wirkung haben und die Verbindung der Fasern wird leicht die nöthige Festigkeit erhalten, weil eine solche Faser mittelst vieler Punkte ihrer Seitenfläche und nicht bloss mit ihrer Spitze einer anderen Faser anhängt, zumal, wenn nicht viel Fasern an der nämlichen Stelle, sondern die eine hier, die andere da in einem Bündel von Fasern endigt, so dass das Bündel ohne Ende ist, während es doch selbst aus mit Enden versehenen Fasern besteht. . . . . .

. . . . Eine am Herzen überall sichtbare Einrichtung ist, dass aus der Scheide des einen Bündels Fasern in die Scheide des anderen hinübergehen und aufgenommen werden und dieser Übergang und Umtausch der Fasern findet nicht nur zwischen den grösseren Bündeln statt, sondern, wenn man die grösseren Bündel in kleinere und diese in noch kleinere zu zerlegen sucht, so findet man, dass ein solcher Umtausch und Zusammenhang noch zwischen haarfeinen Muskelfasern beobachtet wird. Diese Verschmelzung und Trennung benachbarter Bündel wiederholt sich so oft, dass, wenn ein Bündel eine Strecke weit fortgegangen ist, es fast unübersehbar wird, ob es noch Fasern von denen enthält, aus welchen es an einer anderen Stelle bestand. Aber die Muskelfaser-Bündel des Herzens verschmelzen nicht nur vielfach untereinander, sondern sie verflechten sich auch an mehreren Stellen. Dies geschieht ganz vorzüglich an der äusseren und inneren Oberfläche. Diese Verschmelzung und Verflechtung der Fasern oberflächlicher und tiefer Lagen des Fleisches scheint den Nutzen zu haben, dass die verschiedenen Faserlagen bei einer gleich kraftvollen Zusammenziehung alle ihre volle Wirkung äussern können, und dass die tieferen Lagen durch die oberflächlicheren (welche bei ihrer Zusammenziehung dicker werden) nicht etwa in eine solche Erschlaffung versetzt werden, welche ihre Zusammenziehung nutzlos macht. Weil nun aber die verschiedenen Lagen nicht einzeln für sich wirken, so war es auch nicht nöthig, dass sie sich aneinander beträchtlich zu verschieben imstande wären, und es liegt daher auch kein lockeres Zellgewebe, welches eine solche Verschiebung begünstigt, zwischen ihnen. Wenn sehr viele Lagen von Cirkelfasern an den Herzkammern über einander gelegen hätten und äusserlich von Längsfasern umgeben wären, würden die tieferen Lagen durch die Zusammenziehung und durch das damit verbundene Dickerwerden der äusseren Lagen nach innen gebogen und dadurch abgespannt und unfähig gemacht werden, den Druck zu vergrössern, den die Herzkammern auf das Blut ausüben. Diesem Nachtheil ist aber dadurch, wie es scheint, vorgebeugt worden, dass die schiefen Fasern des Ventrikels, welche eine mehr quere Richtung haben, vollständige oder unvollständige Ringe bilden, zwischen jenen zwei Lagen von Längsfasern liegen und unten an der Spitze eine Öffnung übrig lassen, durch welche die zwei erwähnten Lagen von Längenfasern unter einander zusammenhängen. Denn die nahe der Höhle liegenden netzförmigen Fasern, bei welchen die Richtung nach der Länge vorherrscht, werden durch die sich zusammenziehenden Querfasern nicht nur nicht abgespannt, sondern im Gegentheil noch mehr gespannt und umgekehrt hindern sie auch die mehr der Quere nach laufenden Fasern ganz und gar nicht ihre Wirkung zu thun, sondern sie ziehen dieselben näher an einander und verengen die Höhle durch Verkürzung des Herzens.

Am rechten Ventrikel, an welchem es nur eine Lage Fasern gibt, die sich sehr der Richtung der Länge nähert, liegt diese unstreitig aus demselben Grunde inwendig und ist daselbst von zwei Lagen schiefer Fasern umgeben, welche sich sehr der Querrichtung nähern.

Jeder Ventrikel hat also zwei solcher Lagen schiefer Fasern, die sich sehr der queren Richtung nähern und vollkommene oder unvollkommene Ringe bilden und diese zwei Lagen durchkreuzen sich und nur wenige Fasern liegen ganz quer."

Noch ein weiterer Umstand kommt hinzu, der das Studium und mehr noch eine genaue Beschreibung der Muskulatur des Herzens erschwert; dies ist die grosse Zahl individueller Verschiedenheiten, welche der Verlauf der Fasern darbietet. „Wenn die Beschreibung allgemein giltig sein soll, so darf sie nicht tief in die Einzelheiten eingehen, und die Abbildung, die sich an den einzelnen Fall halten muss, beansprucht eben deshalb keine allgemeine Giltigkeit, sondern hat nur den Wert eines Beispiels" (Henle, Gefässlehre S. 47).

Geht es nun nicht an, auf dem Wege der myologischen Analyse klare Einsicht in Form und Verlauf einer Herzrevolution zu gewinnen, so gilt es andere Methoden zu finden, die unser diesbezügliches Wissen besser zu fördern vermögen.

Man kann Mittel suchen, die eine oder die andere Veränderung der Gestaltung, welchen das Herz in seiner systolischen Bewegung und während seiner Rückkehr zur Diastole unterliegt, zu fixiren und für sich genommen fest zu halten. Gelänge dies, dann müsste es weiter möglich sein, an solchen Praeparaten einerseits die Veränderungen der Form direkt zu studieren und zu erkennen und andererseits Einblick in Änderungen des Verlaufes und der Gestaltung von Muskelfasern oder zumindest von Fasergruppen im ruhenden und im erregten Organe während der gegebenen Phasen der Contraction zu gewinnen.

Der immerwährende Wechsel in den Zuständen von Anspannung und Erschlaffung mit den dazwischen liegenden unaufhörlichen Übergängen gestattet es nicht, am lebenden Säugethierherzen direkt Vergleichungen von Bewegungs-Momenten z. B. der diastolischen und der systolischen Gestalt anzustellen.

Da das lebende Herz sich in einem stetigen Umformungsprocesse befindet, so würde das gehärtete, fixirte Praeparat dann eine der vielen Gestalten darstellen, die das Herz innerhalb einer Pulsperiode annimmt. Die zwischen liegenden Formen, die beim Übergange in die Erregung und zurück durchschritten werden, blieben jedoch auch bei dieser Methode der Forschung noch unbekannt. Und gerade ihre Kenntnis ist zum Verständnis der Herzbewegung und deren Wirkung von Wichtigkeit.

Das Vorhandene, Gegebene, dessen Form man ohne viel technisches Hinzuthun erfassen konnte und jederzeit erfassen kann, ist die eine Endlage der Kette von Veränderungen, die diastolische Ruhelage, die — wohl mit nur geringen Abweichungen — die Form des todten Organs repraesentirt und die man auch am lebenden Thiere durch physikalische und chemische Reize leicht produciren kann. Ein Vergleich zwischen diastolischem und systolischem Zustande war in einigen Punkten vielleicht erst mit der Publication der Methoden von Hesse[1]) und Krehl[2]) gegeben, die auf solche Weise zu erfahren suchten, wie die eine Form in die andere übergeht.

Die Fixirung im systolischen Zustande geschah durch Wärme. Das frische Herz wurde in eine concentrirte Lösung von doppeltchromsaurem Kali von 50^0 C. gelegt und die Temperatur der Lösung im Verlauf der nächsten Stunde auf der genannten Höhe erhalten. Wie Hesse gezeigt hat, gerieth das Herz dadurch in den Zustand stärkster Systole. „Es liegt auf der Hand, dass diese Methode nur für Herzen anwendbar ist, die noch contractionsfähig sind und dass sie nur dann eine Berechtigung hat, wenn man gelten lässt, dass sich alle Muskelfasern des Herzens um den gleichen Bruchtheil ihrer Länge zusammenziehen. Ist diese Annahme nicht statthaft, so ist natürlich jeder Versuch, sich künstlich ein systolisches Herz herzustellen, müssig, und jede Discussion über die Form des systolischen Herzens überflüssig, weil man dann überhaupt nichts sagen kann". Ausser vielen Hundeherzen gelang es Krehl auch, nach einer Hinrichtung ein Menschenherz (das Herz eines Justifizirten), in den systolischen Zustand zu überführen. — „Dadurch hatte man zum ersten Male ein in Systole festgehaltenes menschliches Herz gesehen".

Es kann keinem Zweifel unterliegen, dass durch die Versuchsanordnungen von Hesse und die darauf folgenden Untersuchungen von Krehl unsere Kenntnisse vom Bau des Herzens eine wesentliche, sehr bedeutende Förderung erfahren haben. —

Es ist aber durchaus nothwendig, dass wir uns, ehe eine Anwendung der Forschungs-Resultate von Hesse und Krehl in Betracht kommt, die Frage vorlegen, ob dasjenige, was durch Einlegen eines frischen, noch contractionsfähigen Herzens in eine

---

[1]) Hesse l. c.
[2]) Krehl l. c.

warme Salzlösung zustande kommt, in Wirklichkeit auch ein Herz im systolischen Zustande sei.

Schon der von Krehl selbst ausgesprochene Gedanke, dass die Methode nur dann eine Berechtigung hat, wenn man gelten lässt, dass sich alle Muskelfasern des Herzens um den gleichen Bruchtheil ihrer Länge (in der Systole) zusammenziehen, fällt ganz ausserordentlich in die Wagschale. —

Es muss erwogen werden, dass der Vorgang dieser „Contraction" von der Contraction des lebenden und in situ befindlichen Herzens verschieden ist, denn die Widerstände, denen das im Kreislaufe thätige Organ unterliegt, fallen hier ja vollständig oder fast vollständig weg. —

„Die Kammern ziehen sich beinahe widerstandslos zusammen, und zwar bis zum grössten erreichbaren Maximum. Nun ist es ziemlich sicher, dass eine so starke Contraction bei normalem Kreislauf selten, wenn überhaupt jemals vorkommt; ferner wird die Füllung der Kammern und deren Contraction gegen einen hohen Druck in den grossen Arterien für ihre Contractionsweise nicht belanglos sein" (Tigerstedt)[1].

Es ist zweitens festzuhalten, dass ein noch erregbares Herz, welches ich zum Zwecke der Contraction in eine auf 50° C. erwärmte, gesättigte Lösung von doppeltchromsauren Kali eintauche, sich gegen einen Punkt hin zusammenzieht, den man sich als im Innern, ja geradewegs im Centrum des Herzens gelegen, zu denken hat.

Wir werden später hören, dass die Contraction des im normalen Kreislaufe thätigen Organs auf einen Punkt hinzielt, dessen Lage einer Stelle im oberen Drittheile des Septums zu entsprechen scheint. Dass dabei die Art der Insertion der sehnig endenden Herzmuskelfasern an Stellen, die bei normaler Lage des Herzens stark fixirt sind, von grossem Einflusse ist, bedarf zunächst keiner weiteren Erläuterung.

Es ist drittens zu bedenken, dass alle fixirenden und hemmenden Momente, denen das Herz im uneröffneten Brustraume unterworfen ist, wegfallen, wenn man mit einem Organe experimentirt, das dem Thorax entnommen worden und das nach allen Richtungen des Raumes frei beweglich ist. Dies sind in erster

---

[1] Tigerstedt, Physiologie des Kreislaufes. Leipzig, Veit u. Comp., 1893, S. 73.

Linie die Befestigungs-Linien des Pericards an die grossen Gefässe nach oben, an das Zwerchfell nach unten. Dazu gehören auch die knöchernen Theile der Brustwand, die Rippen und das Sternum, von denen das Herz während seiner systolischen Formveränderung beeinflusst wird.

„Die normalen Widerstände, welche die freie Bewegung des Herzens einschränken, üben einen wesentlichen Einfluss auf die ganze Gestalt dieser Bewegungen aus. Wenn ein Theil dieser Widerstände weggenommen wurde oder, wenn sie alle weggeräumt sind, sieht man die Herzbewegungen nicht so wie sie in Wirklichkeit stattfinden, man sieht sie anders" (Brücke)[1]).

Jeder Physiologe hat es wohl oft beobachtet, dass schon der scheinbar so geringfügige Eingriff der Eröffnung des Pericards wesentlich verändernd auf die Herzbewegung einwirkt. „Wenn Sie (Brücke)[2]) das Herz eines Frosches anfangs so blosslegen, dass es noch im Herzbeutel eingeschlossen ist, und dann die vordere Wand des Herzbeutels wegnehmen, so werden Sie den grossen Unterschied nicht verkennen können, der in der ganzen Gestalt der Herzbewegungen sofort eintritt."

Das hier vom Froschherzen ausgesagte kann unverändert auf das Hundeherz angewendet werden. — Auch bei diesem sehen wir, dass schon das blosse Eröffnen der vorderen Wand des Pericards einen Wegfall von hemmenden Einflüssen bedeutet, und dass das nun vollkommen frei bewegliche Herz zunächst, soweit die freie Beobachtung es zu entscheiden vermag, eine uneingeschränktere Bewegung zu zeigen scheint.

Wir können auf diese Verhältnisse erst näher eingehen, wenn wir bei der Besprechung der Herzbewegung im uneröffneten Thorax angelangt sind.

Das bisher Gesagte ergibt, dass die Resultate der Arbeiten von Hesse und Krehl, insofern sich dieselben mit den Veränderungen der Form des Herzens während der Systole beschäftigen, nicht einwandsfrei und nicht ganz ohne Widerspruch aufzunehmen sind. Auf alle Punkte, in denen Analogien zwischen einem lebenden, systolischen Herzen und dem in Systole nach der Methode von Hesse und Krehl fixirten Herzen bestehen, wird an späterer, entsprechender Stelle eingegangen werden.

---

[1]) Brücke, Vorlesungen über Physiologie, S. 77.
[2]) l. c., S. 176.

Die beiden Forscher haben die Lehre der Anatomie des Herzens jedenfalls in erheblichem Masse erweitert, wozu die instructiven und schönen Illustrationen der Krehl'schen Abhandlung nicht wenig beizutragen vermochten.

Es wäre nun, da auch die zuletzt erörterte Methode der Fixirung des Herzens in zwei Grenzstellungen den Mechanismus der Herzaction nur unvollkommen zu ergründen vermag, ein dritter Weg anzutreten.

Es ist die graphische Methode.

Da die Bewegungen des Herzens sehr rasch erfolgen und der zusammengezogene Zustand desselben nur sehr kurze Zeit anhält, so ist es unmöglich, die Form des sich contrahirenden Säugethierherzens anders aufzufassen, als mittelst Einrichtungen, welche die Bewegung aller oder einiger Punkte desselben graphisch fixiren.

Nachdem es einmal gelungen war, das Herz der Säugethiere so vortheilhaft blosszulegen, dass man es durch lange Zeit in lebhafter, ungestörter Bewegung erhalten konnte, musste es mit Hilfe des graphischen Verfahrens leicht erscheinen, diejenigen Veränderungen aufzeichnen zu lassen, welche durch den Herzstoss bewirkt werden. Eine der vielen möglichen solcher Einrichtungen ist von Ludwig zur Feststellung der obigen Thatsachen benützt werden. Es ist der von ihm angegebene und[1]) beschriebene Fühlhebel. An diesen reihte sich die grosse Zahl der Untersuchungen der Herzbewegung durch graphische Fixirung von Marey, François Franck, Frey, Hürthle, Roy und Adami u. v. a., die sich nach dem Principe ihrer Methode auf das Registriren der Bewegung von einem, zwei oder mehreren Punkten der Herzoberfläche beschränken mussten, und ein Bild der ganzen Formveränderung somit nicht zu erbringen vermochten.

Wir verdanken C. Ludwig auch eine Methode, die es gestattet, mit Hilfe von Messungen die Form des Herzens zu construiren. Sie setzt schwierige Versuche voraus, deren Durchführung grosse Übung erfordert.

C. Ludwig[2]) suchte zunächst die Form der Basis aus der Bestimmung zweier aufeinander senkrechter und grösster Durch-

---

[1]) M. Hoffa u. C. Ludwig, Zeitschr. f. rat. Medizin 9, S. 109.
[2]) C. Ludwig, Zeitschr. f. rat. Medizin 7, S. 203 ff.

messer abzuleiten. Er mittelte darum durch Visiren die Enden beider Durchmesser an dem freigelegten Herzen eines lebenden Thieres aus. Den grössten Tiefendurchmesser fand man gewöhnlich an den beiden Längsfurchen, am Beginn der hinteren. Durch die vier ausgemittelten Stellen zog man mit einer feinen Nadel einen feinen seidenen Faden. Mit Hilfe des hintersten Fadens knüpfte man das Herz, wenn man es in einer horizontalen Lage untersuchen wollte, auf ein eigens geformtes Brettchen fest, indem man hierbei Bedacht nahm, die horizontale Längenachse des Herzens mit dem Brette möglichst parallel zu bringen. Das Stäbchen schraubte man dann an ein Stativ. Ein sehr leichtes Holzstäbchen (die ausgehöhlten Stengel einer Brennessel oder dergl.), das auf den vorderen Faden gesetzt wurde und zur Sicherung des senkrechten Ganges durch ein am Stativ befestigtes Röhrchen ging, gab das Mittel ab, um die Veränderung des Tiefendurchmessers zu bestimmen.

Zur Bestimmung des Querdurchmessers knüpfte man die beiden anderen angelegten Fäden an die unteren Enden zweier sich kreuzender Hebelarme, die man genau in der Mitte ihrer Länge und in ihrem Schwerpunkt um eine Horizontalachse drehbar am Stativ befestigte. Diese Hebel besassen an ihrem oberen Ende zwei Spitzen, welche den zwei unteren, ähnlichen correspondirten, und die genau die Bewegung an den unteren angaben.

Bei langsamer Herzbewegung konnten durch directe Ablesung an einem vorgehaltenen Massstabe oder durch Einstellung von Zirkelspitzen, bei rascher Bewegung durch die Aufzeichnungen, welche von einigen an die Enden der Stäbe angebrachten Federchen auf ein vorgehaltenes Papier geschahen, die gewünschten Grössen gemessen werden.

Die Veränderung des langen Durchmessers schätzte man mit Hilfe eines von der Basis bis zur Spitze des Herzens sich erstreckenden Zirkels. —

Mit Hilfe des angegebenen Instrumentes untersuchte C. Ludwig auch das Herz in aufrechter Lage, indem durch seine Spitze ein Faden gezogen und an irgend einen seitlichen, erhabenen Gegenstand ohne Spannung des Herzens befestigt wurde, so dass die Verbindungs-Stelle des Herzens und Fadens kein fester Punkt bildete.

Indem ich die Resultate dieser nach der Darstellung des Autors oft vergeblichen Versuche C. Ludwig's vorläufig übergehe, glaube ich durch ihre blosse Anführung schon den Beweis erbracht zu haben, wie schwierig und wie mangelhaft die Experimente gewesen sind, die zur Erklärung des Mechanismus der Herzcontraction beizutragen hatten.

Zudem ist durch eine solche Methode nur die Messung der verschiedenen Hauptdurchmesser des Herzens und die Constatirung des systolischen und diastolischen Wechsels derselben dargethan. Die einzelnen Formen und Gestaltungen des sich contrahirenden und erschlaffenden Organs bleiben uns nach wie vor unbekannt.

Eine Methode aber, welche die Bewegung eines jeden einzelnen Punktes der Herzwand in vollkommen unveränderter, objectiver Weise wiederzugeben vermöchte, ist einzig und allein die photographische Methode.

Die vielen Arbeiten über den Bau der Herzwand stellen heutezutage bereits ein so bedeutendes Material und eine so grosse Summe von Erfahrungs-Thatsachen dar, dass das Einschlagen des zuletzt genannten Arbeitsweges nicht nur als statthaft angesehen werden kann, ja noch mehr, einen günstigen Erfolg zu versprechen scheint.

Ich stelle mir unter dem Gesagten das Folgende vor:

Es ist die Aufgabe zu erfüllen, auf eine Weise, die das Herz selbst in seiner Bewegung nicht beeinflusst, wenn es sich um den physiologischen Vorgang handelt und die nichts anderes als die allfälligen experimentellen Eingriffe voraussetzt, wenn es auf das Studium von Abweichungen von der Norm ankommt, eine Fixation der verschiedenen Durchgangs-Stadien einer einzelnen Herzrevolution zu bewirken. Dem bisher Bekannten wird durch die Beschaffung der einander im Verlaufe einer Herzaction folgenden Form-Veränderungen ein neuer, bisher unbekannt gewesener Behelf an die Seite gestellt.

Es erwächst dann in weiterer Consequenz die Aufgabe, an der Hand der bedeutenden anatomischen Kenntnisse, die wir ja bereits besitzen, das gegebene Material so weit als möglich zu verwerthen, um so manches Bekannte bestätigen, manches Bestehende erweitern und vielleicht auch manches Lückenhafte ergänzen zu können.

Die kinematographische Methode.

In welcher Art auch ein Vorgang in der Natur ablaufen mag, so pflegt unser Forschungstrieb erst dann befriedigt zu sein, wenn wir das Gesetz kennen, das den Gesammtverlauf des Vorganges beherrscht, und wenn wir wissen, was sich bei diesem Vorgang in jedem einzelnen Augenblicke abspielt.

Auf die Mechanik der Herzbewegungen angewendet lautet dieser Satz:

Wir haben die Aufgabe, auf dem Wege der Analyse den Act einer einzelnen Herzrevolution in eine möglichst grosse Zahl von Phaseneinheiten aufzulösen. Die Beurtheilung des Gesammtvorganges ergibt sich sodann von selbst. Wir sind in dem Bestreben, uns auf diesem Wege der Erkenntnis der Herzbewegung zu nähern in ähnlicher Lage, wie der Physiker, wenn er eine präcise Formulirung von Naturvorgängen anstrebt, bei denen die Eigenschaften und Zustände der Körperwelt in einer ununterbrochenen Veränderung begriffen sind. Der Physiker sucht die Naturprocesse, um sich deren Erscheinungen klar zu machen, in „elementare Bestandtheile" zu zerlegen, in lauter kleine Einzelvorgänge, die eine minimale Zeit andauern und für die er einen gleichmässigen Ablauf der Erscheinungen voraussetzen kann und darf.

Wenn wir, eine, sit venia verbo, analoge Methode auf den Fall der Herzmechanik anwendend, eine möglichst grosse Zahl von Übergangsformen und Zwischenstufen einer einzelnen Herzrevolution darzustellen vermögen, sind wir — die nöthige Kleinheit der gewählten Intervalle vorausgesetzt — dann in der Lage anzunehmen, dass für einen solchen Zeittheil keine oder nur unwesentliche oder wenigstens leichter erfassbare Veränderungen der Form des Herzens möglich sind.

Es bleibt daher unser leitender Gedanke, die einzelnen Formen einer einzigen Herzrevolution festzuhalten, um durch ihre Verwerthung und Aneinanderreihung zunächst einmal alle sich ergebenden Einzelheiten praeciser erkennen und beurtheilen zu können.

Ich kenne keine Methode, welche der Lösung unserer Aufgabe in dem gestellten Sinne schon auf den ersten Blick so günstig erschiene, wie die Methode der Chrono-Photographie. Man nennt nämlich photographische Aufnahmen von in Bewegung befindlichen Körpern in sehr kleinen, regelmässigen Zeitintervallen „Serien-Aufnahmen" und die Arbeit selbst „Chrono-Photographie".

„Der erste[1]), welcher solche systematisch angeordnete Serienaufnahmen ausführte, war 1876 der Amerikaner Muybrigde zu San Francisko in Californien, welcher daran die Bewegungsmechanik verschiedener Thiere zu studieren suchte, hauptsächlich aber die Charakteristik der verschiedenen Gangarten eines Pferdes."

Ich will die Versuchsanordnung von Muybrigde hier kurz beschreiben, zunächst, um die geniale Anordnung dieses Erstlingsversuches auf einem ganz neuen Gebiete zu schildern, dann aber auch, um den ungeahnten Aufschwung zu erweisen, der auf diesem Gebiete seit 20 Jahren erreicht worden ist. Die Photographie, welche damals zum grössten Theile gewiss nur eine ganz untergeordnete, fachliche Bedeutung hatte, ist heute ein mächtiger Faktor vieler Wissenszweige geworden. Mit Recht spricht man heute von einer „wissenschaftlichen Photographie" und hat dieser Kunst, deren Wirken bereits in die meisten Disciplinen der Wissenschaft und der Technik thätig eingegriffen hat, in der 69. Versammlung deutscher Naturforscher und Aerzte zu Braunschweig im Jahre 1897 eine eigene Section und einen besonderen Tag gewidmet.

Muybrigde liess zum Zwecke des Studiums der Gangarten des Pferdes ein Pferd auf einer Rennbahn die betreffende Gangart ausführen, u. zw. vor 12 bis 30 nebeneinander aufgestellten photographischen Apparaten, welche automatisch arbeiteten. Auf der zu diesem Zwecke mit Kautschuk gepolsterten Rennbahn waren Fäden gespannt, welche zum Momentverschluss der Apparate führten. Zur Aufnahme wurde der Verschluss mittelst Electricität activirt, sobald das Pferd einen dieser Fäden bei seinem Gange entzweiriss oder auch nur berührte. Hierdurch wurde eine Camera nach der anderen, sobald das Pferd vorbeikam, zur Aufnahme geöffnet und damit 12 bis 30 aufeinander-

---

[1]) Die chronophotographische Aufnahme etc. von Hofrath Ottomar Volkmer, Wien 1897.

folgende Aufnahmen während des Ganges festgelegt. Das Pferd bewegte sich dabei vor einer hell erleuchteten weissen Wand, wodurch die Figur des Thieres mit seinen Beinstellungen als dunkle Silhouette zum Vorschein kam.

Es würde viel zu weit führen, wollte ich hier dem Entwicklungsgange der Chrono-Photographie genauer nachgehen. Die Darlegung soll sich vielmehr nur auf Punkte beschränken, die für den vorliegenden Gegenstand von Wichtigkeit sind.

Es war unmöglich, nach der von Muybrigde erfundenen Methode allein Oberflächenveränderungen an bewegten Körpern in plastischer Modellirung zu reproduciren, um z. B. mit diesen Bildern verschiedene, lebhafte, vom menschlichen Körper mittelst energischer Muskelanspannung vollbrachte Thätigkeiten, von denen unser Auge nur einen Gesammteindruck empfängt, in eine längere Kette von Bewegungs-Momenten aufgelöst, zu veranschaulichen. Der Grund dafür lag darin, dass die erhaltenen Bilder nur Silhouetten waren, also zahlreiche Details der Zeichnung vermissen liessen. Dieser Nachtheil spielt auch noch in den die Herzbewegung betreffenden Serienaufnahmen Marey's eine Rolle, auf die ich später zurückkommen werde. Die Errungenschaft, statt der Silhouetten plastisch modellirte Körper im Rahmen der Aufnahme zu erhalten, verdankt die Photographie dem deutschen Photographen O. Anschütz.

Die Methode der Chronophotographie haben auch auf medicinischem Gebiete bereits mehrere Forscher benützt.

Zum Studium der Herzbewegung ist sie bislang nur dreimal verwendet worden. — Sämmtliche Versuche betrafen ausschliesslich das Herz von kaltblütigen Thieren, Fröschen und Schildkröten, und beschränkten sich auf solches Material vorwiegend wegen der in diesen Fällen leichteren und einfacheren Versuchsanordnung und der grösseren Unabhängigkeit des Herzens der Kaltblütler von der Athmung.

Der erste Versuch, die systolische Formveränderung des Herzens in Einzelphasen aufzulösen, stammt von dem Amerikaner William Gilman Thompson in New York. „A new apparatus for the study of cardial drugs." — Der Apparat wurde von Thompson und R. D. Gray ersonnen. Der Publication in „Scientific American Supplement No. 561 vom 2. October 1886 sind sechs Herzbilder in Holzschnitt beigegeben, deren 3 erste in $1/2$ Sekunde angefertigt, die systolische Umformung des normalen Froschherzens in hinreichender Deutlichkeit erkennen lassen. Die zweite Gruppe, gleich rasch aufgenommen, zeigt die Veränderung der Herzcontraction des Frosches unter dem Einflusse von Strophantus hispidus.

Der zweite Versuch der Chronophotographie des Herzens wurde von Marey in Paris unternommen.

Marey[1]) hat die Bewegung des Schildkrötenherzens in photographischen Serienbildern dargestellt. Das Herz wurde im arteficiellen Kreislaufe mit defibrinirtem Blute gespeist.

Marey strich das Herz mit Wasserfarbe weiss an, um deutlichere und plastische Bilder zu erhalten. Er sagt hierüber folgendes:

„En photographiant ces mouvements, on devait avoir l'image de tous les actes successifs qui constituent la fonction du coeur; mais une difficulté se présentait. La couleur rouge du sang et du coeur lui même. n'étant point photogénique, ne donnait d'autres images que des silhouettes noires se détachant sur un fond clair . . . . Pour rendre le coeur photogénique, je le blanchis au pinceau avec de la gouache; dès lors les détails de sa forme apparurent . . . . . ."

Den dritten Versuch. die Herzbewegung auf photographischem Wege zu studieren, machte Zoth[2]). Er verwendete dazu die Herzen von Fröschen und Kröten und gab zwei Methoden der photographischen Untersuchung an. Die 1. Methode gründet sich auf die Herstellung einer grösseren Zahl von einzelnen Momentaufnahmen des lebenden blossgelegten Herzens, in Zeitintervallen von 1—2 Minuten, unter denen sich die verschiedenen gewünschten Stadien in grösserer oder geringerer Zahl mit einer bestimmten Wahrscheinlichkeit vorfinden werden. Eine in der Abhandlung enthaltene Wahrscheinlichkeitsrechnung soll die Verwendbarkeit dieser Methode erläutern. Auf Grund von Messungen werden die erhaltenen Bilder erst nachträglich zu Serien zusammengestellt.

Die zweite Methode Zoth's bestand in Serien-Aufnahmen auf einer sich fortbewegenden Platte. Verschiedene Punkte und Linien der Herzen wurden zum Zwecke der leichteren Orien-

---

[1]) Marey: Le mouvement du coeur, étudié par la chronophotographie. — Comptes rendus de l'acad. d. sciences, CXV, 485, 1892.

[2]) Zoth, O. Zwei Methoden zur photographischen Untersuchung der Herzbewegung von Kaltblütlern (Festschrift f. A. Rollet, Jena-Fischer, 1893).

tirung im Bilde durch Stückchen weissen Glanzpapiers markirt. Zoth beschränkte sich jedoch fast ausschliesslich auf die Auseinandersetzung seiner Methoden, ohne auf die damit erhaltenen Resultate näher einzugehen.

Die mit den sinnreichen Apparaten von Muybrigde, Anschütz, Londe u. a. m. erzielten Resultate liessen den Plan auftauchen, die einschlägigen Versuche nach verschiedenen Richtungen hin fortzusetzen. Die Exactheit der angegebenen Apparate in ihrer Verwendbarkeit zur Analyse von Bewegungs-Erscheinungen liess kaum noch etwas zu wünschen übrig, auch die Belichtungszeit für jedes einzelne Bild konnte im Laufe der Zeit immer kürzer gewählt werden.

So ist in dem chronophotographischen Aufnahms-Apparate von Marey, der nach Art einer Repetirflinte construirt ist, die lichtempfindliche Platte mit $^1/_{700}$ Sekunde der Lichteinwirkung von Seite des Gegenstandes ausgesetzt.

War nun mit der Methode der Chrono-Photographie einerseits eine hohe Stufe von Vollkommenheit für das Studium von Bewegungs-Erscheinungen erzielt worden, so lag andererseits der Gedanke nahe, die erhaltenen Bilder auf zweckmässige Weise wieder zusammenzustellen, der Analyse die Synthese folgen zu lassen, mit anderen Worten, die Reihe der getrennten Gesichtseindrücke für den Beobachter wieder in eine andauernde Empfindung zu überführen.

Es ist dies das Prinzip aller Apparate, welche rotirende Bilder durch gleichzeitig rotirende Spalten sehen lassen. Hierher gehören u. a. die stroboskopischen Scheiben von Stampfer, welche gleichzeitig und unabhängig von Plateau erfunden und mit den Namen „Phaenakistoskop" belegt wurden[1]).

In der gegenwärtig zumeist verwendeten Form stellt das Stroboskop einen Hohlcylinder dar. Die Bilder werden auf langen Papierstreifen angeordnet, die man in den Hohlcylinder hineinlegt, so dass sie sich dem unteren Theile seiner inneren Wand anlegen und bei der Rotation durch Centrifugalkraft fest angedrückt werden.

Man setzt die Trommel in Bewegung und betrachtet die Bilder durch eine der Seitenöffnungen.

---

[1]) Helmholtz, Handbuch der physiologischen Optik. Hamburg, 1896, S. 494.

Sind auf dem in dem rotirenden Cylinder eingelegten Papierstreifen Serien-Aufnahmen bewegter Objecte angebracht, dann entsteht für das Auge, das durch eine der Seitenöffnungen die bewegten Bilder betrachtet, das Bild der ganzen Bewegung, deren Theile eben durch die Einzelbilder dargestellt werden.

Es ist nämlich eine Hauptthatsache der physiologischen Optik, dass hinreichend schnell wiederholte Lichteindrücke ähnlicher Art dieselbe Wirkung auf das Auge ausüben, wie eine continuirliche Beleuchtung. Die Wiederholung des Eindrucks muss zu dem Ende nur so schnell geschehen, dass die Nachwirkung eines jeden Eindrucks noch nicht merklich nachgelassen hat, wenn der nächste eintritt[1].

Stricker[2] findet diese Erklärung nicht vollkommen zureichend. Er sieht in der Mitwirkung der Augenbewegung eine wichtige Bedingung der Täuschung. Die andere Bedingung liege in der Gesichtswahrnehmung. „Wenn ich die verschiedenen Phasen der Bewegungen an meinem Auge vorbeistreichen lasse, und es dabei so einrichten kann, dass sich die Augen entsprechend bewegen, dass sie gewissen wechselnden Höhenlagen des Bildes entsprechend sich auf und ab bewegen, dann werde ich getäuscht; dann construire ich die verschiedenen gesehenen Bilder zu einem Vorstellungs-Complexe, in dem auch Bewegung enthalten ist . . . . ." „Wenn nur eine (Bedingung) ohne die andere da ist, kann die Täuschung nicht zustande kommen. Damit ist implicite gesagt, das Centrum verarbeitet beide, muss beide verarbeiten, um die Täuschung hervorzurufen. Diese Verarbeitung ist es aber eben, welche als eine Verknüpfung, als eine Association von sensorischen und motorischen Eindrücken bezeichnet wird. Das Stroboskop dient also nicht, wie man geglaubt hat, dazu, um zu zeigen, dass wir Gesichtseindrücke, wenn sie rasch genug aufeinander folgen, zu Bewegungs-Vorstellungen associiren. Das Stroboskop ist vielmehr ein Apparat, der uns lehrt, dass die Bewegungs-Vorstellungen erst dann auftreten, wenn Vorstellungen von der eigenen Muskelbewegung in die Association einbezogen werden". In Bezug auf die Einzelheiten dieser Erklärung muss ich auf Stricker's „Studien etc." selbst verweisen.

---

[1] Helmholtz, op. cit., S. 481 und 482.
[2] Stricker, Studien über die Bewegungsvorstellungen. Wien, 1882, Braumüller.

Ich übergehe alle die zahlreichen Apparate, welche in den letzten Jahren erfunden wurden und sämmtlich die Reproduction der Bewegung zum Zwecke haben, das Electro-Tachyskop von Anschütz, das Kinetoskop von Edison, das Kinetoskop von M. Joly u. a. m., die der Mehrzahl nach zu wissenschaftlichen Zwecken nicht Verwendung finden konnten. Der weitaus vollkommenste dieser Apparate, der Kinematograph, wurde im Jahre 1895 von den Gebrüdern August und Louis Lumière in Lyon ersonnen. Er gestattet sowohl die Herstellung der Aufnahmen als Negativ, als auch davon abgenommen die Copirung des Positivbildbandes; die Zahl der Photogramme bei der Aufnahme ist 15 in der Sekunde.

Ich habe meine Versuche mit dem Kinetographen der Firma „Lechner" in Wien unternommen. Dieser Apparat, eine Modification des Lumière'schen Kinematographen, gestattet die Aufnahme von 20 bis 30 guten und exacten Bildern in einer Sekunde.

Mit Rücksicht darauf, dass der Kinematograph den folgenden Untersuchungen und Erörterungen fast ausschliesslich zugrunde liegt und auf die ganz gewiss sehr bedeutenden Ergebnisse, welche die Verwendung dieses Apparates zumal in noch weiter verbesserter Form für das Studium der Herzbewegung erhoffen lässt, sei eine Beschreibung des Lumière'schen Apparates hier beigefügt. Ich entnehme dieselbe einer Publication des Herrn Hofrathes Ottomar Volkmer[1]), der auch die beiden hier eingefügten Holzschnitte entstammen.

„Der Apparat hat folgende Einrichtung: Bei einem luftdicht schliessenden Holzkasten A (Figuren 1 und 2), durch Thüren vorn und rückwärts zu öffnen, als dem Haupttheil des Apparates, befindet sich vorn bei O ein Linsenobjectiv und am Deckel des Kastens ein schmäleres Kästchen B zur Aufnahme von zwei Metallspindeln P und Q aufgesetzt, mit welchen Spindeln Rollen eines 18 m langen transparenten Gelatine- oder Celluloidbandes verbunden werden können.

Für den Fall der Bildprojection wird die Bildrolle, mit den positiven Photogrammen besetzt, mit der Spindel Q verbunden (angesteckt); für die chronophotographische Aufnahme dagegen kommt das lichtempfindliche Bildband auf die Spindel P.

---

[1]) Seite 14 Anmerkung.

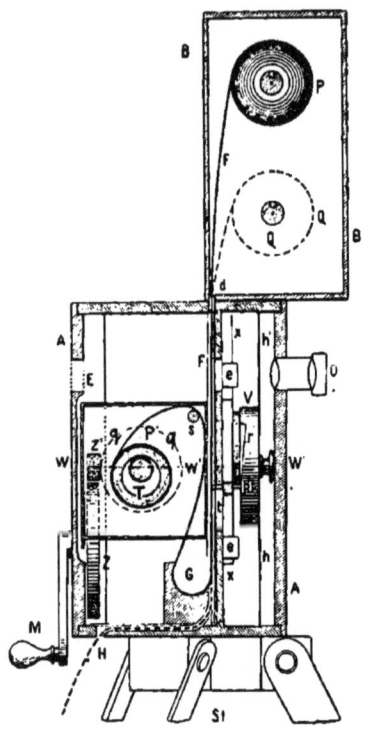 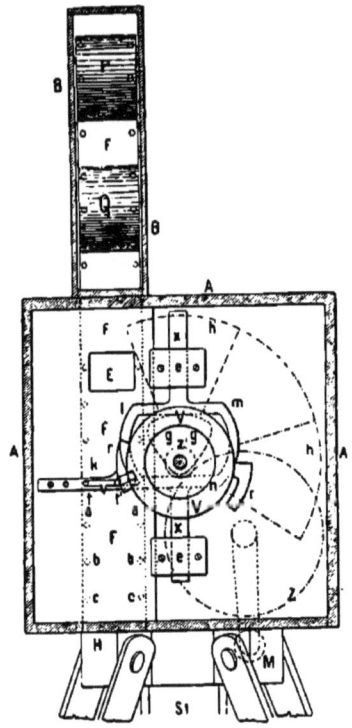

Figur 1. Inneres des Apparates, von der Seite geöffnet.

Figur 2. Inneres des Apparates, von vorn geöffnet.

Während im ersteren Falle der Bildstreifen durch die Öffnung H aus dem Kasten sich entfernt, wickelt sich im zweiten Falle das 'dem Lichte exponirt gewesene Bildband auf der Spindel T im Kasten A auf (Figur 1). An den beiden Rändern des Bildbandes sind, wie aus Figur 1 zu ersehen ist, in gleicher Höhe der einzelnen Photogramme längs des ganzen Bandes Löcher ausgeschlagen, siehe aa, bb, cc etc. Die Photogramme der Aufnahme selbst sind in je $^1/_{15}$ einer Sekunde Exposition hergestellt und strenge gleichartig, d. h. wenn man irgend zwei der Photogramme übereinander legt, so sind die unbewegten Partien der Scenerie exact mit einander übereinstimmend, während die bewegten Partien Lagen und Stellungen aufweisen, welche der Verschiedenheit der Bewegungsaktion entsprechen.

Während der Action des Apparates zur chronophotographischen Aufnahme wickelt sich das lichtempfindliche Band von der Spindel P im Kästchen B ab, tritt durch die Öffnung bei d (Figur 1) aus dem oberen Kästchen in den Kasten A, den eigentlichen Kinematographen, steigt in A senkrecht nach abwärts, durchzieht den Hals G, steigt wieder aufwärts, geht über eine Spindel bis s und wickelt sich dann auf einer dritten Spindel T wieder auf. Zur Activirung der Bewegung des Bildbandes FF befindet sich an der rückwärtigen Aussenseite des Kastens A eine Handkurbel M, durch deren Drehung mittelst einer sehr praecise gearbeiteten Zahnradübersetzung ZZ^1 die Welle WW und durch die Zahnradübersetzung p q Figur 3 auch die Spindel T in Bewegung gesetzt wird. Auf der Welle WW sitzt die Auslösevorrichtung k l m n mit den Stiften $t t^1$, einer Excentrik g, in der Figur 2 punctirt dargestellt, einer Trommel V mit zwei Treppen rr versehen und der verstellbaren Doppelscheibe hh^1. Die letztere wird zur chrono-photographischen Aufnahme so gestellt, dass die beiden Scheiben zwischen sich ein Fünftel des Kreisumfanges Spalte haben, daher während dieser

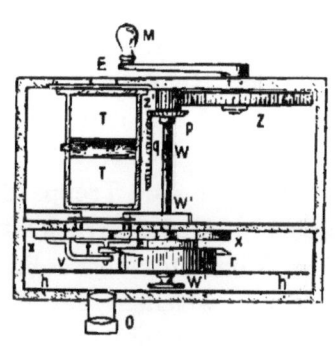

Figur 3.
Obere Ansicht des Querschnittes.

Zeit einer Umdrehung die Exposition des lichtempfindlichen Bandes vor sich geht. Für den Fall des Gebrauches des Apparates zur Bildprojection sind die zwei Scheiben hh^1 zu einander so gestellt, dass ein Drittel des Umfanges der Scheibenfläche geschlossen ist, zwei Drittel der Fläche dagegen offen stehen, während welcher Zeit die Projection des Bildes stattfindet. Durch die Umdrehung der in der Öffnungsweite entsprechend gestellten Doppelscheibe hh^1 ist daher die Zeitdauer der Lichtwirkung für beide Verwendungsfälle des Apparates geregelt. —

Die Auslösevorrichtung selbst besteht aus einem kleinen Metallrahmen k l m n, welcher mit seinen Armen xx in den Schleiflagern ee in vertikaler Richtung verschiebbar ist, und zwar um das Mass der Entfernung der in dem Bildbande, wie erwähnt, in gleicher Höhe durchgeschlagenen Löcher aa, bb, cc etc. (Figur 2). Innerhalb der Rahmenseiten l m und k n sitzt auf der Welle WW, eine Excentrik gg, in der Figur 2 punctirt angedeutet, welche bei der einmaligen Umdrehung der Welle das Hinauf- und Herabschieben des kleinen Rahmens besorgt. Am Rahmenarme k sind an einem federnden Bügel v (Figur 2 und 3) zwei mit den Löchern des Bildbandes correspondirende Stifte t und t^1 vorhanden, um das nach abwärts in Bewegung stehende Band zeitweise still zu halten (bei der Projection zwei Drittel von $1/15$ Sekunde), zeitweise wieder in Bewegung zu setzen und herabzuziehen (ein Drittel von $1/15$ Sekunde). An der Trommel V sind dann correspondirend zwei Treppen rr vorhanden, zum Zwecke der Auslösung der Stifte t und t^1 aus den Löchern aa, bb, etc. und Eingreifen derselben in diese Löcher nach geschehener Verschiebung um eine Lochreihe höher.

Das Functioniren des beschriebenen Mechanismus geschieht in folgender Weise:

Der Rahmen k l m n der Auslösevorrichtung sei in der untersten Lage und stehe stille, die Stifte t und t^1 seien in die beiden in gleicher Höhe gelegenen Löcher des Bildbandes versenkt, aber eine Treppe der Trommel beginnt die Stifte aus den Löchern wieder zurückzuziehen, in der Weise, dass die Stifte in dem Momente vollständig aus den Löchern des Bandes ausgelöst sind, in welchem der Rahmen seine Bewegung nach aufwärts beginnt. Diese Bewegung ist aber sehr exact, so dass sich der Rahmen genau entsprechend der Entfernung der Lochreihen von einander nach der Höhe verschiebt, also in dem Augenblicke, als er in seiner höchsten Lage anlangt, stille steht; die Stifte sind genau gegenüber dem nächsten Paare der Löcher in gleicher Höhe. Die weitere Bewegung der Trommel setzt die zweite Treppe an und die Stifte t und t^1 greifen in diese Löcher derart ein, dass sie im darauffolgenden Herabgehen das Bildband mitziehen, d. h. nach abwärts bewegen, wobei das Bildband auf der Spindel P dem Zuge der Stifte t und t^1 nachgibt, sich abwickelt und dann entweder im Kasten A auf der Spindel T aufwickelt, oder durch den Spalt H aus dem Kasten herausgeht; das erstere ist bei der Aufnahme, das letztere bei der Bildprojection der Fall. Alle diese jetzt skizzirten Bewegungen vollziehen sich in der kurzen Zeit der einmaligen Umdrehung der Welle WW^1, d. h. in der Zeit von $1/15$ einer Sekunde.

Eine erneuerte Umdrehung der Welle WW^1 besorgt eine erneuerte Exposition des lichtempfindlichen Bandes bei der Aufnahme, oder bringt ein neues Photogramm auf dem Schirme zur Projection.

Der Bewegungsmechanismus des Apparates ist mit der grössten Praecision ausgeführt und derart angeordnet, dass das transparente Bildband, wie schon bemerkt, z. B. zum Zwecke der Bildprojection, während zwei Drittel von $1/15$ einer Sekunde unbeweglich ist, stille steht, und während des letzten Drittels von $1/15$ einer Sekunde hinabbewegt wird. Es ist begreiflich, dass die Lichtstrahlen der Lampe durch die Öffnung E an der hinteren Kastenwand (Figur 1, 2, 3) kommen, das Bildband passiren, während der Zeit des Stillstandes auf den Schirm gelangen und daselbst die Projection des bewegten Bildes zur Folge haben. Während des letzten Drittels von $1/15$ einer Sekunde sind die Lichtstrahlen vollständig vom Schirme durch die Doppelscheibe hh[1], in der Figur 2 punctirt dargestellt, abgehalten. Man sieht daher auf dem Schirme nur die in der Bewegung einander folgenden Photogramme projicirt; die auf einander folgenden Phasen von Dunkelheit gelangen für das Auge des Beobachters je nach der Raschheit der Abwicklung der vorüberziehenden Bilderrolle gar nicht oder kaum merklich zum Bewusstsein".

Ehe ich die Vortheile der Verwendung des Kinematographen bespreche und das Gebiet begrenze, das seine Wirksamkeit umfasst, will ich in Kürze auf einen Übelstand hinweisen, der in der derzeitigen Anlage dieses Apparates gelegen ist. Er war insbesondere bei den Herzversuchen von beeinträchtigender Wirkung, wird jedoch ohne Zweifel allmählich zu beseitigen sein.

Die jetzige Construction bedingt, dass das aufzunehmende Object aufgerichtet, in klarem directem Sonnenlichte, vor dem Kinematographen postirt werden muss. Abweichungen von der Vertical-Stellung sind nur im geringen Grade gestattet, denn der Apparat ist um die horizontale Achse nur in geringem Grade drehbar und würde bei horizontaler Lagerung des Objectes sich zudem selbst im Lichte stehen.

Die Behebung dieses Mangels wäre besonders für die Herz-Photographie von grosser Wichtigkeit. Wir sind derzeit gezwungen, die Aufnahmen immer nur an dem aufgerichteten, vertical oder nur wenig geneigt gehaltenen Thiere vorzunehmen. In aufrechter Stellung sind die Anforderungen an die durch den Blutverlust während der Operation und durch den mächtigen Eingriff mehr oder weniger geschwächte Herzpumpe am höchsten gestellt. Das Herz ist in dieser Stellung des Thieres nur frei an den grossen Gefässen aufgehängt und hat keinen anderen Stützpunkt, was um somehr in Betracht kommt, als auch die Stützen, die das Herz in den Pericard-Anheftungen besitzt, durch die zum Zwecke der Aufnahme vorgenommene Eröffnung des Herzbeutels wegfallen. Es wird, da es die Blutmasse aus den abhängigen Körpertheilen unvollkommen oder nur schwer hinaufzupumpen vermag, oft schlechter gefüllt. Seine Bewegungen sind dadurch dann auch oft weniger plastisch und ausdrucksvoll als bei horizontaler Lage des Thieres.

Allerdings aber tritt nach dem Aufrichten des Thieres eine Änderung der Bewegung des Herzens ein, die im Laufe dieser Darlegungen ausführlich zu schildern sein wird und deren Kenntnis gewiss von Wichtigkeit ist. Es darf daher niemals die Beobachtung der Bewegung des blossgelegten Herzens in verticaler Stellung des Thieres vernachlässigt werden. Zum Zwecke der Beobachtung der Herzbewegung an dem in Rückenlage befindlichen Versuchsthiere sind wir demnach auf die freie Inspection und auf die bisher üblichen Methoden angewiesen. Übrigens ist es, was aus allen beigelegten Bilderreihen erhellt, möglich, das Herz durch Blutsparung bei der Operation so sehr zu schonen, dass die durch den Blutverlust allein bedingte Beeinträchtigung des Versuches nicht ins Gewicht fällt. Doch lassen sich andere, die Energie der Herzbewegung nachtheilig beeinflussende Faktoren nicht beseitigen, denn die Intensität der Contraction des freigelegten Herzens hängt von intercurrirenden Umständen ab, deren Provenienz in vielen Fällen unbekannt ist. Vollständig gleiche Anordnung des Versuches vorausgesetzt, ist die Umformung des Herzens während der verschiedenen Stadien seiner Thätigkeit in einem Falle undeutlicher als in dem anderen, die In- und Extensität seiner Locomotionen das einemal geringer als das anderemal. Es bleibt daher in weiten Grenzen dem Zufalle überlassen, ob man im Einzelfalle die für die Herstellung der kinematographischen Photographien ausreichenden und befriedigenden Bewegungs-Veränderungen vorfindet oder nicht.

Auch ein kräftig schlagendes und sich gut contrahirendes Herz zeigte in jedem einzelnen der beobachteten Fälle so viele Unterschiede seiner einzelnen Schläge in geringerem oder höheren Grade, dass es einer sehr grossen, viele Tausende betragenden Zahl von Aufnahmen bedurfte, ehe es möglich war, in der grossen Reihe das Zufällige und Unwesentliche von dem Constanten, dem Normalen abzutrennen.

Für die Anfertigung der kinematographischen Bilder sei noch das Folgende hervorgehoben. Es betrifft natürlich nur die allgemein geltenden Grundsätze, während das Specielle im Zusammenhange mit den sich allfällig ergebenden Gesichtspunkten zu besprechen sein wird, da es ohne die Inanspruchnahme des zugehörigen Bildes selbst unverständlich bleiben müsste.

Trotzdem die hellrothe Farbe des lebenden Herzens im photographischen Sinne ungemein ungünstig ist, so dass so erfahrene und geübte Forscher wie Marcy zu Hilfsmitteln, so z. B. zur künstlichen Weissfärbung des Herzens gegriffen haben, möchte ich das letztere Vorgehen zumindest in verallgemeinerter Form dennoch widerrathen. Mit guten Zeiss'schen Objectiven habe ich, wie die beigelegten Bilder lehren, wenigstens in einigen Fällen so genaue, reliefartige Wiedergaben des schlagenden Herzens erhalten, dass man über die anatomische Dignität jedes einzelnen Punktes niemals auch nur einen Augenblick im unklaren ist. Das Bestreichen des Herzens mit weisser Farbe oder das Bestäuben mit „Weiss", z. B. mit Gyps- oder Talkpulver verwischt feine Unterschiede der Beleuchtung, auf die es oft ganz ausserordentlich ankommt.

Es geschieht aber bei den Aufnahmen, die in der für den Kinematographen üblichen Weise und mit der gewohnten Geschwindigkeit vorgenommen werden, häufig, dass infolge der allzu kurzen Expositions-Zeit distinkte Form-Unterschiede der Herzoberfläche nur in wenig ausgeprägter Form und, wie manche Bilder lehren, in so unzureichender Weise festgehalten werden, dass die Einzelbilder wohl als höchst mangelhafte Studien-Objecte bezeichnet werden müssen.

Allerdings bietet auch dieser Nachtheil nach anderer Richtung nicht zu unterschätzende Vortheile. Während nämlich die speciellen, distinkteren Veränderungen des Herz-Reliefs infolge der erwähnten Unvollkommenheit auf der photographischen Platte kaum, oft fast gar nicht erscheinen, fällt ihre den Gesammteindruck in gewissem Sinne dafür beeinträchtigende Wirkung in einem solchen Falle weg. Das heisst mit anderen Worten: Die einzelnen Unterschiede der Modellirung sind nur undeutlich oder gar nicht erkennbar, dafür kann man aber die Haupt-Momente der durch die Systole oder die Diastole des Herzens bedingten Umformungen oder Locomotionen erfassen, ohne dass partielle andernfalls stärker hervortretende Veränderungen ein Verdecktwerden derselben zur Folge haben. So ist z. B. in Tafel I Fig. 4 die systolische Umformung des linken Ventrikels durch Vergrösserung seines Tiefendurchmessers nicht so augenscheinlich, wie in den, vom Standpunkte des Photographen gewiss viel mangelhafteren Bildern der Tafel I Fig. 1.

Die Beseitigung der beschriebenen, photographischen Nachtheile, die jedoch, wie wir gehört haben, in gewisser Hinsicht unterstützende Faktoren sind, wurde dadurch angebahnt, dass eine Reihe von Aufnahmen unter Bedingungen bewerkstelligt wurde, die von den übrigen verschieden sind. Diese Aufnahmen sollten der Fixirung und dem Studium partieller und umschriebener Form-Veränderungen an der Vorderfläche der beiden Ventrikel dienen. Zu diesem Zwecke wurde die Expositions-Zeit durch Einschaltung einer langsamer rotirenden Verschluss-Scheibe doppelt so lang gewählt, als in den übrigen Fällen, so dass die Zahl der Aufnahmen in einer Sekunde zehn bis zwanzig betrug. Diese Aufnahmen sind mit Rücksicht auf einzelne Details der Oberfläche den andern überlegen. In geringeren Grenzen lässt sich die Dauer der Expositions-Zeit auch durch Variirung der Geschwindigkeit der Kurbel-Umdrehung ändern, verkürzen oder verlängern. Dennoch aber wird darum niemals auch von den mit kürzerer Expositions-Zeit hergestellten Bildern abgesehen werden können; die geschilderte Änderung ist nur ein Notbehelf, so lange die Bilder bei möglichst kurzer Expositions-Zeit nicht genau genug ausfallen.

In manchen Fragen habe ich immer und immer wieder das Thier-Experiment direkt zurathe ziehen müssen. So ermangeln, wie erwähnt, die Ergebnisse der Beobachtung des Herzschlages im horizontal gelagerten Thiere der kinematographischen Aufnahme, da diese bei solcher Stellung des Objectes aus einem bereits erörterten Grunde, der in der Construction des Apparates selbst gelegen ist, wenigstens vorläufig noch nicht möglich war. Nur eine Bilderreihe wurde bei schräg gehaltenem Objecte bewerkstelligt. Man erkennt dies daran (Tafel I Fig. 3), dass ein die unteren Theile jedes Bildes verdunkelnder, nach oben scharf abschneidender Schatten von unten her in die Photographie hineinreicht. Die Aufnahme wurde im Freien vorgenommen oder bei weit geöffneten Fenstern in deren unmittelbarer Nähe und bei Belichtung mit direktem, klarem Sonnenlichte.

Für das Studium der Bilder gelten folgende Gesichtspunkte:

Die Lichtquelle, die Sonne, es wurde schon wiederholt darauf hingewiesen, dass die kinematographische Aufnahme nur bei dieser

Beleuchtung ausgeführt werden kann, stand z. B. für die Bilder der Tafel I Fig. 1 dem Objecte schief gegenüber.

Da das Herz einen ziemlich bedeutenden Tiefen-Durchmesser hat, wird es bei Beleuchtung von rechts her (für das Herz in situ normali gedacht von links) mit seiner rechten Umrandung einen in Form und Ausdehnung wechselnden Schlagschatten werfen, der uns nach den Regeln der Perspective als Kriterium sowohl für die Zu- oder Abnahme des Tiefen-Durchmessers als auch der Abhebung von der Unterlage dient. Die näheren Details folgen, so weit sie wichtig sind, in den speciellen Capiteln. Die photographischen Wiedergaben der einzelnen Form-Veränderungen sind ebenfalls nach perspectivischen Gesetzen zu beurteilen.

In diesem Sinne müssen auch die Veränderungen der in den Bildern auftretenden und verschwindenden Licht-Reflexe, die „Lichter", wie sie der praktische Photograph nennt, aufgefasst und qualifizirt werden.

Wir sehen z. B. an der Vorderfläche des Herzens in den Zeiten der Diastole, wo das Organ schlaff ist und ein verschwommenes Oberflächen-Relief hat, die Licht-Reflexe über dem linken Ventrikel verwaschen, unscharf begrenzt, verstreut und nur wenig hell. — In der Zeit der Systole ist das Bild vollständig geändert. Die Licht-Reflexe, zumal über der Vorderfläche der linken Kammer, haben sich — wenn man so sagen darf — gesammelt, sind nun scharf begrenzt und von bedeutenderer Helligkeit. Sie concentriren sich zur Zeit der Systole über einer umschriebenen Stelle des linken Ventrikels, die sie zur Zeit der Diastole mit zu- und abnehmender Helligkeit und sich verändernder Schärfe überragen.

Die parallelen Strahlen des Sonnenlichtes werden auf der glänzenden Oberfläche des Herzens durch Reflexion desto stärker gebrochen, desto divergenter gemacht, je kleiner der Radius der spiegelnden Fläche ist. — Das Kleinerwerden des Lichtreflexes kann daher nur durch Zunahme der Wölbung der reflectirenden Fläche bedingt sein.

So werden wir auch manche andere sich bietende Veränderung des Herzbildes zu qualificiren haben.

Die Technik der kinematographischen Methode und ihre Vortheile.

Die Freilegung des Herzens zum Zwecke des Studiums seiner Bewegung und zur kinematographischen Aufnahme erfolgte nach der in der Physiologie jetzt allgemein üblichen Methode. — Am Versuchsthiere (einem kräftigen jungen Hunde) wurde künstliche Respiration eingeleitet und in geeignetem Rythmus unterhalten. Um Reflexbewegungen auszuschalten, welche den Verlauf des Versuches beeinträchtigen könnten, wird dem Thiere Curare injicirt. Dieses Gift lähmt die Endapparate der motorischen Nerven in den Muskeln und macht somit sowohl die willkürlichen, als auch die reflectorischen Bewegungen des Thieres unmöglich. — Es lässt jedoch — in nicht zu grossen Dosen — das Herz unbeeinflusst.

Vor dem Eröffnen der Brusthöhle müssen die Aa. und Venae mammariae sowie die Intercostalgefässe ligirt werden. Das Sternum und ein Theil der Rippen (die vordere Brustwand) werden abgetragen. Dann wird das Pericardium aufgeschnitten und an die Wände des eröffneten Brustkastens angenäht.

Das Herz liegt dann auf dem ausgebreiteten Pericardium wie auf einem Praesentirteller (Tigerstedt)[1]. Seine Bewegungen können vollkommen übersehen und genau beobachtet werden. Die durch die Fixation der abwärtigen Theile des Pericards nach unten geschaffene, von hinten und oben nach vorne und unten geneigte Unterlage für das Herz entspricht so ziemlich dem Planum inclinatum des Zwerchfells, auf dem z. B. das Herz des Menschen und des Affen mit einem grossen Theile seiner Oberfläche ruht. Nach Aufrichtung des Thieres kann nunmehr die Aufnahme mit dem Kinematographen erfolgen.

Die Vortheile der durch den Kinematographen bewerkstelligten Serien-Photographien des Herzens sind folgende:

1. Der Kinematograph liefert eine grosse Reihe von chrono-photographischen Aufnahmen. Jedes einzelne Bild hat die Vorzüge eines guten und zureichenden Photogramms.

---

[1] Tigerstedt, l. c., S. 64.

Die Aufnahme kann am normal gefärbten, sich physiologisch bewegenden Herzen eben so gut erfolgen, wie an einem Herzen, dessen Bewegung durch verschiedene, dem concreten Falle zweckdienliche, experimentelle Eingriffe beeinflusst ist.

2. Das Studium der erhaltenen, insbesondere der vergrösserten Bilder gestattet die Analyse der Bewegung, die Erkenntnis jeder einzelnen Zwischenform und Phasen-Einheit und damit eine **so genaue Beurtheilung der sich ergebenden Übergangs-Stufen, wie es bisher nicht möglich war.**

3. **Die einzelnen Photogramme sind streng gleichartig.** Wenn man zwei aufeinander folgende Bilder übereinander legt, dann coincidiren die unbewegt gebliebenen Theile, während die bewegten Partien Lagen aufweisen, welche der Verschiedenheit ihrer speciellen Bewegung entsprechen. Man kann daher die **räumlichen Verschiebungen erkennen, besser als bisher beurtheilen,** bis zu einem gewissen Grade auch bemessen und durch Calcül aus der Zeit der Exposition und der Zahl der erhaltenen Bilder die Geschwindigkeit, mit der jede Bewegung im Raume erfolgt ist, berechnen.

4. Die kinematographische Aufnahme kann dazu verwendet werden, **synthetisch,** willkürlich und noch dazu mit einer Verlangsamung, die ziemlich weit getrieben werden kann, ohne die Deutlichkeit des Bildes zu beeinträchtigen, den Act der Herzbewegung an dem Auge des Beobachters vorbeizuführen. Auf stroboskopischem Wege gelingt dies nach meinen bisherigen Erfahrungen niemals auch nur im Entferntesten so gut.

5. **Die Reproduction der Bewegung in verlangsamter Ausführung** gewährt dem Beobachter längere Zeiträume für das Erkennen von wichtigen Theilfaktoren, welche das menschliche Auge in freier Beobachtung nicht erfassen kann. Die Verlangsamung der Bewegung gestattet eine genaue Beurtheilung einzelner Bewegungs-Componenten, die Entscheidung der Frage, ob die Bewegung des Herzens an allen Punkten zu gleicher Zeit beginnt oder nicht und den Vergleich des Ablaufes der Con-

traction an den verschiedenen Theilen des Herzens, insbesondere an beiden Herzventrikeln.

6. Der Kinematograph kann schliesslich zur Projection der chrono-photographischen Einzelbilder, der Folge der einzelnen Bewegungs-Momente und im Sinne seiner Erfinder zur Projection der ganzen Bilderkette verwendet werden, um das belebte Bild als „lebende Photographie" auch einem grossen Auditorium vorzuführen. —

Die kinematographischen Aufnahmen enthalten in allen abgebildeten Fällen nur die Darstellung der Veränderungen des Reliefs der Vorderfläche des Herzens und soweit dies bei Betrachtung von vorne möglich ist, in verschiedenen Tafeln verschiedene Antheile der Seitenflächen der Kammern, je nachdem während der Aufnahme die Stellung des Apparates im Verhältnisse zur vorderen Herzwand gewählt wurde. Die Umrandung des Herzbildes bildet in allen Bildern das weissliche, aufgeschnittene und an die Wände der eröffneten Brusthöhle angenähte Pericard. Links und oberhalb des Herzens (die angeführten Ortsbezeichnungen beziehen sich immer auf die Lage des bezeichneten Punktes im Thierkörper) tritt z. B. in jeder einzelnen Photographie der Tafel I Fig. 1 ein kleines dreieckiges, weisses Feld auf, das nach abwärts in ein undeutlicher contourirtes Gebilde übergeht. Es ist ein mit Absicht im Gesichtsfelde belassenes Stück des linken, oberen Lungenlappens.

Das Versuchsthier wurde künstlich geathmet und man kann die Abnahme und Zunahme des Lungenvolums an den einzelnen Bildern ziemlich klar erkennen. Von Bild 2 bis Bild 6 gerechnet ist zunehmende Inspiration, von da ab Rückkehr in Exspirations-Stellung zu sehen. Bild 1 und Bild 7 der Tafel II Fig. 2 können bei dieser Betrachtung nicht herangezogen werden, da sie einem anderen Bilder-Cyclus entnommen werden mussten, weil die der vorliegenden Serie entsprechenden Bilder 1 und 7 photographisch sehr schlecht gelungen waren. In den Bildern der Tafel II Fig. 1 wird ein sich hervordrängender Lungentheil durch Fingerdruck zurückgehalten. Die Belassung eines Stückes der Lunge im Gesichtsfelde hatte nur den Zweck, die Reproduction der gesammten, festgehaltenen Bewegung reichhaltiger und lebendiger zu gestalten. Sie ist für das Einzelbild ganz ohne Bedeutung. Da das Thier jedesmal für die Aufnahme in einen freien, sonnenhellen Raum und vom Athmungs-Apparate wegtransportirt werden musste, konnte die künstliche Respiration zur Zeit der Aufnahme nur manuell (mit einem Blasebalg) unterhalten werden. Es war daher schon a priori keine gesetzmässige, unveränderliche Athmungs-Bewegung zu erwarten. Doch ist der Athmungs-Typus z. B. in Tafel I Fig. 1 immerhin recht regelmässig und gradatim zu- oder abnehmend.

Es wird demnach das Augenmerk des Lesers einzig und allein auf das Herzbild selbst zu richten sein. Es wurde sorgfältig vermieden, etwaige photographische Fehler in diesem selbst durch Retouche zu beheben. Nur in der Umgebung, speciell im Untergrunde, wurden störende und entstellende Flecke entfernt. Kleine Flecke und Verunreinigungen sind bei der kinematographischen Photographie unvermeidlich und fast immer durch feinen Staub bedingt, der sich auf dem Filmbande ansetzt. Die glänzenden Staubtheilchen kommen im lebenden (stark vergrösserten) Bilde ganz besonders störend zur Geltung. Auch sind die Films selbst fast niemals fehlerfrei; sie sind streifig, fast immer fleckig, oft auch leicht getrübt. Alle erwähnten Übelstände treten leider gerade auch in Tafel I zum Vorscheine, die im übrigen jedoch die am besten gelungenen Bilder enthält.

Die Bilder-Serie der Tafel II Fig. 2 hatte ich, da sie in einer langen Filmrolle, nahe der Mitte derselben lag, für den Lichtdrucker durch Tinten-Schrift an der Seite kenntlich gemacht. Diese im Druck stark verunstaltende Signirung musste theils durch Retouche und theils durch Verschmälerung der Bildbreite (Wegschneiden des seitlichen Randes) beseitigt werden. Beide Corrections-Mittel sind zum Nachtheile dieser Tafel, die Verschmälerung auf den ersten Blick, die Retouche bei näherer Betrachtung erkennbar. Die Bilder-Serie musste trotzdem belassen werden, weil sie so gut wie keine andere eine **Veränderung** des Herzens zeigt, die später beschrieben wird. Auch bei den Bildern der Tafel II Fig. 1 musste der durchlochte Rand des Bandes[1] weggelassen werden, weil er bei der häufigen Reproduction des lebenden Bildes an mehreren Stellen eingerissen war.

Für die Publication wurden die erhaltenen Photographien $2\frac{1}{2}$ mal vergrössert. Die Vergrösserung erleichtert die Vornahme

---

[1] Siehe S. 20.

der erforderlichen Messungen, lässt aber auch die Fehler vergrössert und dadurch merklicher hervortreten.

Auf Tafel I Fig. 5 ist eine Bilder-Serie in der Grösse der ursprünglichen Aufnahme reproducirt.

Ich kann die sich für die einzelnen Tafeln ergebenden Unterschiede erst im Zusammenhange mit der Darlegung der Ergebnisse besprechen, die sowohl an den Haupt-Versuch als auch an die Abänderungen der Versuchs-Anordnung gebunden sind.

Für alle Tafeln und Bilder gilt jedoch das Folgende:

Innerhalb der Umrahmung des weisslich-grauen Herzbeutels liegt das Herzbild mit seinen verschiedenen, näher zu schildernden Formen und Veränderungen. Gegenüber dem sowohl auf Tafel I Fig. 1, 2 und 5 als auch auf Tafel II Fig. 2 sichtbaren Lungentheile, in allen anderen Bildern an der entsprechenden Stelle befindet sich das oberste Ende des rechten Ventrikels, der Übergangstheil zwischen Conus arteriosus und Arteria pulmonalis. Den grössten Theil des ganzen Bildes nimmt entsprechend der normalen anatomischen Lagerung des Organes die Vorderfläche der rechten Kammer ein. Sie wird in Tafel I Fig. 1[1]) vom Pericard durch eine schmale Schichte von Fett getrennt, das sich beim Hunde in vielen Fällen an und in der Atrioventricular-Furche vorfindet und im Bilde die rechte Kammer nach oben und rechts einsäumt. Die Grenze zwischen den Kammern bildet die von links oben nach rechts unten in mehr oder weniger nach oben convexem Bogen absteigende vordere Längsfurche des Herzens.

Die untere Umrandung bildet ein ganz besonders rechts ausgesprochener, in Form und Ausdehnung wechselnder Schlagschatten.

Da das Object in allen Aufnahmen von vorneher beleuchtet ist, sind die am meisten gegen den Beschauer vorspringenden Punkte immer auch die hellsten. Es ist auch durch das Verhältnis des Objectes zur Lichtquelle (der Sonne) bedingt, dass das Herz mit denjenigen Theilen, welche sich während der Bewegung von dem Hintergrunde abheben, auf diesen einen sich entsprechend ändernden Schlagschatten wirft.

---

[1]) Auch in den Bildern der Tafel I Fig. 2 und 5 sowie in allen Bildern der Tafel II.

Auf Tafel I Fig. 3 und 4 ist mit dem photographischen Bilde der Herzkammern auch ein Theil des linken Vorhofes zu sehen. Von dem deutlicheren Sichtbarmachen beider Atrien für die photographische Aufnahme wurde bei den Versuchen aus mehrfachen Gründen Abstand genommen. Man vermeidet so eine unnöthige Vergrösserung des operativen Eingriffs und macht willkürliche Veränderungen der Herzlage, so um z. B. auch das rechte Atrium ins Gesichtsfeld zu rücken, unnöthig. Es konnten daher die photographischen Aufnahmen erfolgen, ohne dass das Herz auch nur ein einzigesmal einer Quetschung, Zerrung oder passiven Verlagerung ausgesetzt gewesen wäre. Zudem sind die Bewegungen der Vorhöfe seit langem genau studirt und übereinstimmend beschrieben worden; die in der Literatur enthaltenen Daten lassen es auch unbedingt zu, alle den Mechanismus der Bewegung betreffenden, in normalen Fällen an dem einen Vorhofe beobachteten Erscheinungen, rückhaltlos auf den anderen zu übertragen.

Ich möchte nunmehr noch in Kürze die Unzulänglichkeit der bisherigen Methoden der photographischen Untersuchung der Herzbewegung klarstellen und die Nothwendigkeit von derartigen Versuchen am Säugethier-Herzen begründen.

Das Thier-Experiment muss, wenn es vom Kliniker zurathe gezogen wird, die Möglichkeit bieten, in Erscheinungen physiologischer und pathologischer Form am Krankenbette, wo dieselben im Wege des Versuches in vielen Fällen nicht lösbar sind, Klarheit zu bringen.

Eine in diesem Sinne unternommene, experimentelle Untersuchung der Herzbewegung setzt daher voraus, dass alle einschlägigen Massnahmen an einem Thierherzen erfolgen, dessen Bewegungs-Mechanismus nach unseren bisherigen Erfahrungen mit demjenigen des menschlichen Herzens übereinstimmt.

Ein solches Versuchsthier ist der Hund. Wohlfundirte Angaben genauer Beobachter stimmen in dem Punkte überein, dass zwischen dem Herzen des Hundes und dem Herzen des Menschen in Bezug auf die Bewegung keinerlei wesentlicher Unterschied bestehe. Die Art der Bewegung ist bei beiden gleich. Die an dem einen gewonnenen Deductionen sind auf das andere durchwegs anwendbar.

Es war mir im Institute für experimentelle Pathologie in Wien in letzter Zeit auch Gelegenheit geboten, die Bewegungen von freigelegten Affen-Herzen zu beobachten und zu studiren;

ich glaube behaupten zu dürfen, dass sich das Herz des Affen in Bezug auf seine Bewegung dem Hundeherzen ganz gleich verhält. Diese Behauptung stützt sich jedoch nur auf den Befund der Inspection. Es war nicht möglich, diese Übereinstimmung, die ja übrigens nach den bisherigen Erfahrungen keines weiteren Beweises mehr bedarf, derzeit durch Serien-Aufnahmen zu erhärten, da das Tages-Licht im Herbste und Winter für eine kinematographische Photographie unzureichend ist.

Ich hatte auch einmal die seltene Gelegenheit[1]), die **Bewegungen des freiliegenden** (nur vom Perikard bedeckten) **menschlichen Herzens** zu studieren und kann, soweit freie Anschauung dies vermag, die vollständige Analogie dieser Bewegung und der am Hunde-Herzen unter gleichen Verhältnissen auftretenden Locomotionen vollauf bestätigen.

Die Wahl des Hunde-Herzens als Grundlage für das Studium der Herzbewegung ist daher wohl berechtigt. Wir gewinnen an ihm in viel höherem Masse Einblick in klinische Verhältnisse als etwa durch eine gleichartige Untersuchung an den Herzen von Kaltblütlern, Fröschen, Schildkröten u. s. w.

Der gegenwärtige Stand der Lehre in der Physiologie des Kreislaufes gestattet es nicht, Unterschiede der allgemeinen physiologischen Eigenschaften und der Innervation bei dem kaltblütigen und bei dem warmblütigen Thiere anzunehmen. Alle diesbezüglichen Untersuchungen sind in Tigerstedt's Lehrbuch der Physiologie des Kreislaufes sorgfältig angeführt und eingehend erörtert. Sie tangiren unseren Gegenstand nicht, der einzig und allein von der Bewegung des Herzens, beziehungsweise von seinen Umformungen während seiner systolischen Bewegung und der Rückkehr in die Diastole zu handeln hat.

Es ist jedoch eine feststehende Thatsache, die leicht zu jeder Zeit von Neuem zu constatiren ist, dass das Herz des kaltblütigen Thieres, ganz abgesehen von seinem differenten Baue, in Bezug auf die Art seiner Bewegung von dem Hunde-Herzen toto coelo verschieden ist. Die bisherigen, nur an Frosch- oder Schildkröten-Herzen gewonnenen Befunde sind daher für den Kliniker völlig wertlos. Mit Recht vindicirt demnach v. Frey[2]) der Aufnahme von photographischen Serien am Säugethier-Herzen bereits im Jahre 1892 grosse Bedeutung und verspricht dieser Methode Aussicht auf Erfolg.

---

[1]) Wiener med. Wochenschrift Nr. 49 und 50, 1896.
[2]) Die Untersuchung des Pulses etc. Berlin, Julius Springer, 1892, S. 77.

Die Systole der Vorhöfe und die Inspection der Herzbewegung.

„Die kaltblütigen Thiere haben nur eine Kammer und zwei Vorhöfe, aber die nackten Amphibien und vielleicht alle Amphibien haben gleich den Fischen einen Theil, den die warmblütigen Thiere nicht haben, nämlich einen contractilen Bulbus der Aorta. Nach meinen Beobachtungen folgen sich die Contractionen der Venenstämme, der Vorhöfe, der Kammer und des Bulbus aortae beim Frosch in der Ordnung, wie sie genannt sind, so dass die Zwischenzeiten bei diesen vier Momenten gleich sind" [1]).

Bei den kaltblütigen Thieren z. B. dem Frosche, pflanzt sich also die Contraction in leicht erfassbarer und übersichtlicher Weise von der Einmündungs-Stelle der grossen Venen in den Venensinus und in fortschreitender Linie über die Vorhöfe auf die Kammern fort.

Der Ablauf der gegen die Spitze gerichteten Bewegung geschieht in Form einer nicht vollständigen, fortschreitenden, dreigipfeligen Contractions-Welle. Der erste Gipfel fällt auf die Mitte der Vorhöfe, der zweite auf einen Muskelwulst, der während der Contraction der Kammerwand unter der Atrioventricular-Grenze sich hervorwölbt; den Anfangstheil des nicht vollständig ausgebildeten, dritten Wellenberges bildet die vortretende Herzspitze. Während diese Bewegungs-Erscheinung über die Herzkammer abläuft, schnürt sich der Ventrikel auch von den Seiten her zusammen und nimmt die Form eines sphärischen Dreieckes mit nach aussen concaven Begrenzungs-Linien an. Zwischen den sich vorwölbenden Theilen liegen während der systolischen Umformung die zurücktretenden, concaven Partien, das Relief der Modellirung des systolischen Herzens ergänzend. Das diastolische Frosch-Herz, zumal die Kammer, wird allenthalben von nach aussen leicht convexen, sphärischen Flächen und Rändern begrenzt.

---

[1]) Johannes Müller, Handbuch der Physiologie des Menschen, 3. Auflage, I, 1, S. 174.

Zugleich mit der bereits beschriebenen Bewegung macht die Kammer in normaler Lage eine seitliche Bewegung im Sinne einer Pronation der linken Hand.

Die Herzbewegung des Säugethieres ist viel verwickelter. Die raschere Aufeinanderfolge der Bewegungen und der schnellere Wechsel zwischen Ruhe und Contraction, dazu die schwer verständlichen Formveränderungen und Locomotionen des viel umfangreicheren Organes erschweren die Erkenntnis in hohem Masse.

Über die Contraction der Vorhöfe und über den Ausgangs-Punkt ihrer Contraction kann ich aus eigenen Untersuchungen nichts Neues aussagen. Nach der gangbaren Lehre, die auch in allen einschlägigen Special-Arbeiten übereinstimmend lautet, fängt die Contraction der Vorhöfe an den Mündungen der grossen Venen an, welche von circulär verlaufenden Muskelfasern umgeben sind. Von hier aus schreitet die Contraction auf die Vorhöfe fort. Die beiden Vorhöfe contrahiren sich zu gleicher Zeit; was in Bezug auf die Formveränderung und die Locomotion in irgend einer Phase der Herzthätigkeit für den einen Vorhof gilt, kann unverändert auf den anderen angewendet werden. In einer Reihe meiner kinematographischen Bilder ist, wenn auch nicht in so deutlichen Contouren wie an den Kammern, die Reihenfolge der systolischen und diastolischen Veränderungen des linken Vorhofes zu erkennen. Derselbe greift vorwiegend nur als Aurikel von links her unterhalb des Conus arteriosus auf die vordere Fläche der Herzwand herüber. Man sieht das Herzohr im Stadium der Diastole, wenn die Ventrikel systolisch eingestellt sind, breiter vortreten; er ist in Systole und bis auf einen schmalen Saum verdeckt am Ende der Diastole der Herzkammern. Das Verschwinden des Vorhofes (der Aurikel) hinter dem Herzen wird — ein Umstand der bei dem Studium der Photographien niemals ausser Acht zu lassen ist — zum Theile auch durch die Locomotion der angrenzenden Partien der rechten und der linken Kammer bewirkt. Allerdings sind sowohl die scheinbaren als auch die wirklichen Verschiebungen nach links gerade an den hier lagernden Theilen der linken Kammer in jeder einzelnen Phase der Herzthätigkeit nur unbedeutend; auch hat der Vergleich der Bewegung des Vorhofes mit den abwärts vom Conus arteriosus gelegenen Theilen der beiden Ventrikel zu geschehen und nicht mit dem Conus selbst, dessen starke

Excursionen die Beurtheilung der Unterschiede am Vorhofe erschweren.

Die Untersuchung der Serien-Bilder lehrt, dass die Systole des Vorhofes (der Vorhöfe) — vollkommen conform den Angaben der Physiologen — mit dem Beginne der Kammer-Systole schwindet und der Vorhofs-Diastole weicht, dass die letztere aber auf dem Höhepunkte der Kammer-Systole und darüber hinaus andauert. Die Vorhof-Systole erfolgt als ein in einem ganz kurzen Zeittheile zustande kommender Vorschlag der Kammer-Systole während der Schlusszeit der Kammer-Diastole (Herzpause).

Hyrtl schildert dies sehr anschaulich; er sagt: „Die Vorkammer-Systole verhält sich zur Kammer-Systole, wie in der Musik die Vorschlagnote zur Haltnote."[1])

Aus den kinematographischen Bildern lässt sich auch der Zeitraum, den der Vorhof zu seiner Contraction benöthigt, berechnen.

Die Rechnung lehrt z. B., dass bei einer der in Rede stehenden Aufnahmen im Kinematographen pro Sekunde 16 Bilder entstanden sind. 144 Bildern, die in neun Sekunden zustande kamen, entsprechen nämlich, wie einerseits aus der Zählung der Herzschläge während der Aufnahme und andererseits aus der Bildrolle selbst hervorgeht, 16 Herzschläge, einem Herzschlage somit neun Bilder.

Die Zusammenziehung des Vorhofes erfolgt jedesmal zwischen dem letzten Bilde einer Herzrevolution und dem ersten der nächstfolgenden. Da nun die Bilder in Zwischenräumen von $1/16$ Sekunde aufgenommen wurden, muss die gleiche Zeit auch annähernd der in der That blitzartigen Bewegung der Vorhöfe entsprechen.

Dieser Befund ist für jede Serie des ganzen Bildbandes in gleicher Weise zu constatiren und kann demnach als constant für die Normal-Bewegungen der Vorhöfe angesehen werden. Die gefundene Zahl ist, absolut genommen, naturgemäss nur von geringem Werthe; grössere Bedeutung hat sie in relativer Betrachtung, da sie uns lehrt, dass die Vorhofs-Contraction unter normalen Verhältnissen ungefähr $1/9$ der Zeit

---

[1]) Hyrtl, Lehrbuch der Anatomie des Menschen, 18. Auflage, S. 1003.

der gesammten Herzrevolution für sich in Anspruch nimmt.

Die Einzelbilder zeigen, wie erwähnt, die Vorhofs-Contouren nur undeutlich. Eine genaue Beurtheilung des zeitlichen Zusammenhanges der ganzen Bewegung ergiebt hier, wie überall, das belebte, kinematographische Projections-Bild, zumal wenn die Bewegung verlangsamt vorgeführt wird.

Die Bewegungen der Kammern des blossgelegten Hunde-Herzens erfolgen — insoferne sie nicht willkürlich verlangsamt werden — wie erwähnt, mit solcher Geschwindigkeit, dass jedwede Controle und jeder Überblick aus freier Beobachtung allein unmöglich wird.

Der Beobachter kann jedoch eine wirkungsvolle Unterstützung für das Studium und für den Vergleich der Bewegung an verschiedenen Stellen des Hunde-Herzens schon dadurch gewinnen, dass er an mehreren Stellen des Organs Marken anbringt.

Ich habe dies durch versilberte, glänzende Knöpfchen bewirkt, die auf hakenförmig gekrümmten Stiften, zumeist an drei Punkten, in der Herzwand befestigt wurden. Die Wahl fiel auf glänzende Knöpfe, da die Marken auch bei einzelnen kinematographischen Aufnahmen als Orientirungs-Mittel zu dienen hatten. Da die kinematographische Photographie sehr viel Licht erfordert und bei directer, klarer Sonnen-Beleuchtung am besten gelingt, kommen die Licht-Reflexe auf den beleuchteten, versilberten und polierten Knöpfen im Einzelbilde gut zur Geltung.

Die Marken waren in erster Linie nur in der Absicht verwendet worden, in den Serien-Bildern Anhaltspunkte für die räumliche Verschiebung der durch sie bezeichneten Stellen der Herzwand zu gewinnen.

Durch Bemessung der Verschiebung aller Marken ist es sodann auch im kinematographischen Bilde leichter zu beurtheilen, ob die bezeichneten Punkte des Herzens zu gleicher Zeit in Action traten oder nicht, und in welcher Richtung die Locomotion geschah.

Die Anbringung der Marken, die man in beliebiger Zahl und an allen Theilen der vorderen Herzwand mit Ausnahme der obersten Partien des Septum-Wulstes, unbeschadet der Lebensfähigkeit des ganzen Organes, befestigen darf, kann schon als wertvolle Beihilfe bei dem Studium der Herzbewegung durch Inspection gelten. Die Befestigungspunkte der Marken waren:

1) Der rechte obere Rand der rechten Kammer.
2) Die Grenzlinie zwischen dem Conus arteriosus und der Pulmonal-Arterie.
3) Die Herzspitze.

An diesen Stellen können auf Häkchen sitzende Knöpfe ohne Beeinträchtigung der Herzbewegung, die bei künstlicher Athmung des Thieres bekanntlich nach wie vor unverändert fortbesteht, eingestochen werden.

Bei einem meiner Versuche wurde die Anbringung einer Marke auch am oberen Rande des Wulstes versucht, der an der Vorderfläche des Herzens dem Verlaufe der Scheidewand der beiden Ventrikel entspricht. Die Marke gerieth in den Wulst selbst hinein und zwar in einen Punkt des oberen Drittheiles des Kammer-Septums. Mit einem Schlage traten die wurmförmigen, flimmernden Contractionen der Herzwand ein, die C. Ludwig Herzdelirium genannt hat. Das Herz erholte sich nicht wieder. Das Thier starb, ohne dass nur einmal noch ein regulärer Herzschlag eingetreten wäre. Die Erwähnung dieser Thatsache ist wohl berechtigt, da sie mit den Angaben von Kronecker und Schmey[1]), Sée und Gley[2]) übereinstimmt. Diese Autoren gaben an, dass die Vernichtung der Herzthätigkeit auf solche Weise durch die Zerstörung eines coordinatorischen Centrums des Herzens bedingt sei.

Die Beobachtung eines in der beschriebenen Weise mit Marken versehenen Hunde-Herzens lehrt die Thatsache, dass sich bei der Systole des Herzens alle drei Knöpfe gegen einander bewegen. Es rückt also zur Zeit der Systole sowohl der rechte Antheil der Atrioventricular-Grenze, als auch der Übergangstheil des Herzens zwischen Arteria pulmonalis und Conus arteriosus nach unten, der Spitzen-Antheil des Herzens nach oben.

Die Bewegung der rechten Partien der Atrio-Ventricular-Grenze ist nach links und abwärts, diejenige der nach links gelegenen, bereits näher definirten Ventriculargrenze nach rechts und abwärts, die Locomotion der Spitzen-Partie nach rechts und aufwärts gerichtet.

---

[1]) Kronecker und Schmey, Sitz. Ber. der Akad. d. Wiss. z. Berlin 1884, S. 87.

[2]) Sée und Gley, Comptes rendus de l'academie des sciences, 104, S. 827, 1887.

Die Endpunkte des durch die Knöpfchen bestimmten Dreieckes rücken in der Systole des Herzens sämmtlich gegen das Innere der genannten Figur. Doch scheint der Schnittpunkt der verlängert gedachten Bewegungsrichtungen nicht dem Mittelpunkte des Dreieckes zu entsprechen, sondern einer Region, die in den oberen Antheil der Herzscheidewand fällt, denn das Vorrücken des rechten Knöpfchens erfolgt in viel spitzerem Winkel (zur Horizontalen) nach innen als die Gegen-Bewegung der beiden anderen Marken.

Die Inspection eines mit Marken bezeichneten, blossgelegten Herzens lehrt uns demnach, dass sich während der Systole alle seine Ränder gegen das Innere des Organs, genauer ausgedrückt, gegen das Septum, bewegen, während dieses selbst kaum eine auf diese Weise in hinreichender Deutlichkeit erkennbare Veränderung oder Ortsbewegung nachweist.

Diese Beobachtungs-Art zeigte auch in jedem der zahlreichen von mir untersuchten Fälle den typischen Befund, dass der Spitzen-Antheil des Herzens beziehungsweise der ganze linke Rand der linken Kammer (bei normalem, kräftigen Herzschlage) sich in der Systole spiralförmig von links nach vorne und rechts herüberdreht.

Die letztgenannte Bewegungs-Erscheinung ist bereits von Chauveau und Faivre[1], sowie von Hesse[2] beim Hunde, von François-Franck[3], Wilckens[4], und mir[5] beim Menschen beschrieben worden.

Die Total-Bewegung des Herzens.

Die bisherigen, in der Literatur enthaltenen Beschreibungen führen nur mit seltenen Ausnahmen Hinweise auf das systolische Hinaufrücken des ganzen Herzens gegen das Kopfende des Thieres. Sie sprechen zumeist entweder bloss von einer An-

---

[1] Chauveau u. Faivre, Gazette méd. de Paris, 1856, S. 408.
[2] Hesse, l. c., S. 336.
[3] François-Franck, Travaux du laborat. de Marey 3, S. 313, 1877.
[4] Wilckens, Deutsch. Arch. f. kl. Med. 12, S. 237, 1873.
[5] Braun, l. c.

näherung der Spitze an die Basis, oder von einem Herabrücken der Basis gegen die Herzspitze.

„Hebt man ein noch schlagendes Säugethierherz schwebend, indem man es mit der Pincette an dem Vorhofe oder den grossen Gefässen fasst, so sieht man wie sich die Spitze der Basis nähert; legt man es dagegen auf die Basis, so dass die Spitze der erschlafften Kammern herabfällt, so entfernt sich jedesmal bei der Zusammenziehung die Spitze von der Basis, so dass sie sich steif emporstellt (C. Ludwig)[1].

„Hängt man das Herz an den Vorhöfen frei mit der Spitze nach unten auf, so dass es sich in der Pause bedeutend verlängert und an der Basis sehr verschmälert, dann findet bei jeder Systole eine auffallende Verkürzung der Längsachse und eine Verlängerung aller Achsen der Basis statt" (C. Ludwig)[2].

Dass die Herzspitze bei der Systole nach oben und bei der Diastole nach unten rücke, wurde schon von Kürschner[3] angegeben.

Auf Grund ihrer Experimental-Untersuchungen an Kaninchen, Meerschweinchen und Hunden wiesen Filehne und Penzoldt[4] mit Sicherheit nach, dass die Herzspitze sich jedesmal bei der Systole nach oben und bei der Diastole nach unten bewegt. Sie vertheidigten das Resultat ihrer Arbeit später wirksam gegen Einwürfe von Lösch[5] und fanden die gleichen Verhältnisse an dem blossliegenden Herzen der in einer ganzen Reihe von Arbeiten citirten Catharine Serafim.

Die Beobachtungen über das angebliche Vorhandensein einer systolischen Bewegung der Herzspitze nach links und abwärts (Bamberger[6], Frickhöffer[7], Wilckens[8] u. a. m.) erklären Filehne und Penzoldt[9] dadurch, dass aus dem Abwärtsrücken der Basis auf das Abwärtsrücken des ganzen Herzens geschlossen worden sei.

---

[1] C. Ludwig, Lehrbuch der Physiologie, Bd. I, S. 82.
[2] C. Ludwig, Zeitschrift f. rat. Med. 7, S. 207.
[3] Kürschner in Wagners Handwörterbuch der Physiologie, III. Bd., I. Abth., S. 36.
[4] Filehne u. Penzoldt, Centralblatt f. d. med. Wiss. 1879, S. 466.
[5] Lösch, ibidem, S. 721.
[6] Bamberger, Virchows Archiv, Bd. 9, S. 328.
[7] Frickhöffer, ibid., Bd. 18, S. 474.
[8] Wilckens, l. c.
[9] Filehne u. Penzoldt, Centralblatt f. d. med. Wiss. 1879, S. 482.

Da die Spitze des Herzens, sagt Tigerstedt[1]), dessen freister Theil ist, sollte man glauben, dass, wenn überhaupt eine Veränderung der Längenachse bei der Kammersystole stattfindet, dieselbe sich der Basis nähern sollte und nicht umgekehrt. Wie schon erwähnt, findet dies aber nicht statt; im Gegentheil kann man sich sowohl an kaltblütigen, wie an warmblütigen Thieren davon überzeugen, dass die Basis sich bei der Systole ber Spitze nähert.

Es würde diese Ausführungen allzusehr ausdehnen, wollte ich auch nur einen Theil der einschlägigen Literatur-Angaben hier eingehend besprechen. Alle sind, wenn sie die Bewegung der Herzbasis als nach abwärts, diejenige des Spitzen-Antheiles als nach aufwärts gerichtet darstellen, vollkommen den Thatsachen entsprechend.

In keiner dieser Angaben findet sich jedoch ein Hinweis auf die unverkennbare Thatsache, dass eine dominirende und constante Bewegung des ganzen, freigelegten, im normalen Kreislaufe befindlichen, und mit dem Versuchsthiere selbst vertical gestellten Herzens eine Verschiebung nach rechts und oben ist, und dass sowohl das Herabrücken der Basis als auch das sogenannte Emporschnellen der Herzspitze Formveränderungen an dem in den nämlichen Zeittheilen **in toto** nach oben rückenden Herzen sind.

Arnold[2]) beschreibt zwar auch diese Total-Bewegung; seine Schilderung streift die Lageveränderung des ganzen Herzens, die nach ihm in einer Verschiebung längs der Brustwand, und zwar ab und vorwärts bei der Diastole, auf und rückwärts bei der Systole besteht. Wir werden aber später sehen, dass diese Beschreibung sich mit den Verhältnissen der Wirklichkeit nicht deckt. —

Wir haben nunmehr die Aufgabe, uns zur Beurtheilung der Total-Bewegung ein Kriterium zu schaffen, da es am Herzen auch Form-Veränderungen gibt, die leicht zu Täuschungen Veranlassung geben können. Ich muss zu diesem Zwecke der Entwicklung meiner Darstellung vorgreifen und auf einen bisher nicht gekannten Factor der Formveränderung des Herzens zunächst nur beiläufig aufmerksam machen.

---

[1]) Tigerstedt, l. c., S. 74.
[2]) Arnold, Handbuch d. Anatomie, S. 435.

Auch nur eine oberflächliche Betrachtung der kinematographischen Photographien, Tafel I Fig. 4 lehrt, dass am Spitzen-Antheile des linken Ventrikels während der Systole eine deutliche Umformung zustande kommt, die im wesentlichen darin besteht, dass während der Phasen der Contraction die Herzspitze in dem sich abrundenden unteren Herzcontour grösstentheils oder völlig verschwindet, während an der vorderen Fläche des Spitzen-Antheiles eine Prominenz auftritt, die gerade nur während der ganzen Dauer der Systole zu beobachten ist. Diese Formveränderung imponirt, da sie im Beginn der Systole anhebt und gradatim bis zu dem Höhepunkte der Systole fortschreitet, als ein Emporrücken der Herzspitze. Sie ist jedoch, wie gezeigt werden wird, nichts anderes als ein Theil der partiellen Form-Veränderung der linken Kammer, speciell ihres Spitzen-Antheiles und als solche von der Total-Bewegung durchaus verschieden, denn an die Stelle der während der Systole emporrückenden Wandpartien des Spitzen-Antheiles werden von hinten und von den Seiten her andere Stellen der Herzwand herangezogen.

Zur Beurtheilung der Total-Bewegung müssen wir hingegen den ganzen unteren Herzrand und seine Locomotion im Verhältnisse zu einer in seiner Nähe angebrachten fixen Marke in Betracht ziehen. Der untere Herzrand rückt in toto während der Systole nur dann in die Höhe, wenn auch das ganze Herz sich nach oben bewegt. Hingegen kann, wie noch näher auszuführen sein wird, die systolische Umformung des Herzens und damit auch des linken Ventrikels, beziehungsweise **das scheinbare Emporrücken der Herzspitze** zustande kommen, ohne dass das gesammte Herz und mit ihm auch der untere Herzrand eine Ortsveränderung im Raume vollbrächte.

Als bisheriges Ergebnis ist nunmehr der Befund zu praecisiren, dass uns die Ortsveränderung des unteren Herzrandes als Kriterium und als Mass für das Vorhandensein und die Grösse der Total-Bewegung des Herzens zu gelten hat.

Das Hinaufrücken des ganzen vertical gestellten Herzens während der Systole ist übrigens auch ohne complicirtere, methodische Beihilfe leicht so nachzuweisen, dass man eine unveränderliche Marke in der Nähe der Herzspitze, eine zweite in der Nähe der rechten Seite der Atrioventricular-Grenze anbringt.

Das Auf- und Niedersteigen des ganzen Organes ist dann durch das Ab- und Zunehmen der relativen Entfernungen der Herztheile von den markirten Punkten direkt zu erkennen.

Der obere, rechte Begrenzungs-Rand des Herzens nähert sich in der Systole der einige cm über ihm gehaltenen Marke, um während der Diastole hinabzusinken. Die Entfernung des unteren Herzrandes von der unteren Marke wächst in der Systole und verringert sich während der Diastole.

Bringt man sodann das zum Zwecke dieser Beobachtung aufgerichtet gewesene Thier in horizontale Rückenlage, dann zeigt sich nach wie vor das lebhafte Spiel der partiellen systolischen und diastolischen Umformungen, implicite das scheinbare Emporrücken der Herzspitze; die Locomotion des gesammten Organs gegen das Kopfende des Thieres ist jedoch nicht mehr vorhanden. Der untere Rand der linken Kammer und die abwärtigsten Theile der rechten, welche den unteren Herzcontour configuriren, bleiben bei horizontaler Lagerung des Thieres an Ort und Stelle. Wenn man daher nunmehr eine Marke in der Nähe der Herzspitze und eine zweite in der Nähe der Atrioventricular-Grenze anbringt, dann findet man, dass in diesem Falle die Distanz zwischen unterem Herzrande und unterer Marke jederzeit fast unverändert bleibt, während sich die Entfernung zwischen der Atrioventricular-Grenze und der oberen Marke in der Systole vergrössert.

Insofern es auf die Constatirung dieses Faktums ankommt, verweise ich auf seine Analogie mit den am Eingange dieses Capitels erwähnten Angaben C. Ludwigs, aus denen hervorgeht, dass die Lage des Herzens und die Art, in der es unterstützt wird, einen grossen Einfluss auf seine Locomotion und auf seine Umformung auszuüben vermögen.

Das Herz des vertical gestellten Thieres hat nur einen umschriebenen Fixations-Bezirk, seine Aufhänge-Stelle an den grossen Gefässen. Die Locomotion muss also gegen diese hin stattfinden. Ist das Herz nur an seinen grossen Gefässen frei aufgehängt, dann muss es sich, um die in ihm enthaltene Blutmasse nach oben hinaus zu pressen, dem entweichenden Blute gewissermassen nachbewegen. Im horizontal gelagerten Thiere, im geschlossenen Herzbeutel und noch mehr im geschlossenen Brustraume findet das Herz auch andere Unterstützungspunkte, die die Richtung seiner Bewegung wesentlich zu beeinflussen vermögen.

Bei der Beurtheilung dieser Unterschiede darf jedoch auch die Möglichkeit von Täuschungen nicht vergessen werden. Es ist einmal die Abrundung der Herzbasis, die am vertical gestellten Herzen anscheinend markanter als bei horizontaler Lagerung des Thieres zustande kommt und die, zumal in der kinematographischen Photographie, leicht als Aufwärts-Bewegung der Herzbasis gedeutet werden könnte, umsomehr als die Abrundung der Kammerbasis eine scheinbare Aufwärtsbewegung der vorderen Atrioventricular-Grenze ja in der That zuwege bringt; die zweite Fehlerquelle liefert der anscheinend verschiedene Ausfall der Abhebung des unteren Herzrandes von seiner Unterlage bei Betrachtung des aufrechten und des horizontal gelagerten Herzens. Zieht man jedoch die Reproduction des belebten, kinematographischen Bildes in verlangsamter Vorführung zurathe, dann findet man, dass bei verticaler Stellung des Thieres ein Emporrücken des ganzen Herzens während der Systole zweifellos besteht, dass gleichzeitig aber auch die beiden Theilfaktoren der Bewegung des oberen Herzrandes zustande kommen, deren ersten die Annäherung der Atrioventricular-Grenze an das Septum darstellt, deren zweiter die von der Abrundung der Kammerbasis herrührende, scheinbare Aufwärts-Bewegung der Atrioventricular-Grenze ist. In dem kinematographischen, markirten Einzelbilde ist der erste Faktor als Annäherung der Atrioventricular-Grenze an die vordere Längsfurche, somit als Verschmälerung des Querdurchmessers der rechten Kammer kenntlich, der zweite, der im Einzelbilde von der wirklichen Aufwärts-Bewegung für sich allein nur schwer zu differenziren ist, durch die Annäherung des im oberen rechten Herzrande steckenden Knöpfchens an den oberen Bildrand. Diese Messung ist völlig einwandsfrei, denn es wurde bei der Erklärung der Vortheile der kinematographischen Methode darauf hingewiesen, dass die Einzelbilder streng gleichartig sind, dass daher je zwei aneinander stossende Kanten der Bildumrahmung geradezu als fixes Coordinaten-System angenommen werden können, auf welches die Verschiebungen zu beziehen sind.

Die Resultirende der einzelnen Bewegungs-Componenten für den oberen Herzrand ist also bei verticaler Stellung des Herzens seine Dislocation nach aufwärts mit dem gesammten übrigen Herzen. Dass der untere Herzrand des sich contrahirenden aufrecht stehenden Herzens mächtig auf und niedergeht, zeigen die kinematographischen Einzelbilder zur Genüge klar.

Ich will schon an dieser Stelle erwähnen, dass die Bewegung des in situ normali, im geschlossenen Brustraume schlagenden Herzens mit der Bewegung des blossgelegten und horizontal gelagerten Organes vollkommen identisch ist. Von einer Aufwärts-Bewegung in toto, die dann etwa der Schilderung Arnolds entsprechen müsste, ist keine Spur vorhanden. Der diesbezügliche Beweis soll erst erbracht werden, wenn wir die einzelnen partiellen Formveränderungen der beiden Ventrikel und die Umformung des ganzen Herzens, soweit dies mit der kinematographischen Methode möglich ist, kennen gelernt haben werden.

Die Total-Bewegung des Herzens nach aufwärts ist auch bei verticaler Stellung des Versuchsthieres nicht immer gleichmässig ausgebildet. Ist der Herzschlag energisch, dann kehrt sie bei jeder Herzrevolution wieder. Oft aber, bei matterem Herzschlage, sieht man bloss die systolischen Veränderungen der Haupt-Durchmesser des Herzens und auch diese nur mangelhaft sich entwickeln, die Total-Bewegung nur zeitweise auftreten, das Herz selbst sich nur unvollständig entleeren.

Es ist zweckmässig, wenn man zunächst den Einfluss der Fixirung des Herzens durch das Pericard auf seine Lage und seine Contractionsart studieren will, alle bisher beschriebenen Untersuchungen soweit als möglich vorerst bei geschlossenem Herzbeutel vorzunehmen. Das Pericard des Hundes ist fast immer so gut durchscheinend, dass man die Bewegungen der Herztheile, zumal die stark ausgesprochenen, auch im geschlossenen Herzbeutel genau unterscheiden kann. Wenn man nun, solange am Herzbeutel selbst nicht gerührt worden ist, eine fixe Marke gegenüber dem unteren Herzrande anbringt und nun vorsichtig die Bindegewebsstränge löst, durch die der Herzbeutel an das Zwerchfell befestigt wird, dann findet man dass die Distanz zwischen unterem Herzrande und Marke sich vergrössert, für die weitere Folge bei unveränderter Lage des Thieres aber constant bleibt.

Es wurde erwähnt, dass die Total-Bewegung des Herzens bei verticaler Stellung des Thieres eintritt, und dass die Aufhänge-Stelle des Herzens der Fixpunkt der beschriebenen Locomotion ist. Dies geht schon aus der anatomischen Betrachtung hervor. Ausserdem aber erlaubt die kinematographische Beobachtung dies auf folgende Art zu beweisen:

Bei genauer Durchmusterung der Photographien ist es erkenntlich, dass alle Theile der Herzkammern in den einander folgenden Bildern ihren Ort im Verhältnisse zu den Umrahmungslinien ändern, bis auf eine in sämmtlichen Photographien derselben Gegend des Herzens entsprechende, immer unverändert bleibende Partie, die durch einen in allen Bildern wiederkehrenden Lichtreflex nach rechts und unten vom Conus arteriosus beiläufig bezeichnet ist. Sie entspricht jener Stelle des Herzens, wo der Conus-Theil des rechten Ventrikels dem oberen Septum-Ende aufliegt, der die Wurzel der Aorta als unmittelbare Unterlage und als Stütze dient, beziehungsweise dem obersten auch an der Vorderwand des Herzens durch eine Verwölbung, im Bilde durch einen Lichtpunkt sich markirenden Ende der Ventrikel-Scheidewand.

Man kann die räumliche Unverschieblichkeit dieses Theiles an den Serienbildern am besten erkennen, wenn man sich aus Streifen steifen Papieres ein langes Rechteck mit beweglichen Seiten construirt und die letzteren über einer Serie von Bildern zu gleicher Zeit parallel gegen einander verschiebt. Man erkennt auf diese Weise am leichtesten, dass die „Aufhängestelle" des Herzens an der Aorta ein Fixum ist, gewissermassen ein Angelpunkt für die Total-Bewegung des Herzens. Das ganze Herz, besser gesagt der linke Ventrikel mit dem rechten, bewegen sich um diese Stelle herum in der Weise nach rechts und oben, dass jeder Punkt des Herzens hierbei ein Stück eines Kreisbogens zurücklegt, also eine pendelartige Bewegung beschreibt.

Von dieser Bewegung ist nur der Conus arteriosus ausgenommen.

Wenn man nach Blosslegung eines Hunde-Herzens die Falten, die sich vom Pericard auf die Aorta hinüberschlagen, vorsichtig wegpräparirt, wird auch der Anfangstheil der Aorta zur Besichtigung frei. Das Anfangsstück der Aorta beim Affen-Herzen liegt mit allen Theilen der vorderen Herzwand unmittelbar nach Durchtrennung der vorderen Pericardial-Wand bloss. Bei vorurtheilsloser Betrachtung hat man dann, wie ich glauben möchte, den Eindruck, als würde das Herz während seiner Systole kräftig an der Aorta zerren und als würde zumal die Contraction der die Kammer-Basis nach abwärts bewegenden Herzmuskelfasern die Aorta selbst gleichfalls nach unten zu ziehen bestrebt sein. Doch findet weder eine Erweiterung noch eine Abwärts-Bewegung des Aorten-Anfangsstückes auch in der That statt; es gibt weder während der Systole noch während der Diastole eines normalen Herzens sinnfällige Locomotionen des Anfangstheiles der Aorta[1]). Zudem erweist die Beobachtung des kinematographischen Bildes, dass das normale, vertical stehende Herz sich während der ganzen Dauer der Systole constant nach aufwärts bewegt, und dass das systolische Herabsteigen der Herzbasis gegen das obere Septum-Ende ohne Zweifel ein activer Vorgang ist.

Die Unverschieblichkeit des obersten, an die Aorta befestigten Stückes der Scheidewand und der Aortenwurzel selbst wird uns aus der anatomischen Anlage dieser Theile begreiflich, die in dem geschlossenen Herzbeutel noch eine weitere Verstärkung besitzen.

Es darf nicht übersehen werden, dass die Wurzel der Aorta räumlich tiefer liegt, als die obere Begrenzungslinie des Herzens. Die Aortenwurzel ist nach allen Seiten hin fest verankert, zumal derjenige Theil, welcher die rechte Klappe trägt, ist in die mächtige Scheidewand der Ventrikel eingesenkt.

Für die Beurtheilung der kinematographisch nachzuweisenden Richtigkeit der bisherigen Darlegung ist es auch wichtig, zu bedenken, dass die Aortenwurzel ein Stück weit unter der vorderen Bild-Ebene gelegen ist. Es müssen somit auch die vor ihr lagernden Theile der vorderen Herzwand — in nach aufwärts — dem Aufhängepunkte zu — abnehmendem Masse —

---

[1]) Für die Anfangsstücke der grossen Arterien des Frosches und der Schildkröte hat der oben ausgesprochene Satz keine Geltung. Dieselben erweitern sich — wie seit langem bekannt — thatsächlich während der Kammer-Systole. Das oben Gesagte gilt, nach einer mündlichen Mittheilung des Docenten Dr. Biedl auch nur für das normale Säugethier-Herz. Auch bei diesem kann jedoch eine Erweiterung des Anfangs-Stückes der Aorta während der Systole eintreten, wenn der Innendruck in der Aorta beträchtlich erhöht ist, namentlich aber, wenn zu einer solchen Drucksteigerung eine Insufficienz der linken Herzkammer hinzutritt, wie es z. B. namentlich im 2. Stadium der Erstickung der Fall ist. Biedl hat diese Erweiterung der Aorta mit einem hierzu construirtem Apparate direct gemessen.

an der pendelartigen Bewegung participiren. Da die Muskelsubstanz sich an der Wurzel der Arteria pulmonalis weiter erstreckt als an der Aorta und so rechterseits der Übergang des musculösen in das häutige Rohr über die Ebene, in welcher die verticale und horizontale Wand sich kreuzen, hinaufrückt, wird die Wurzel der Aorta zum Mittelpunkt der genannten Ebene.

Als logisches Postulat ist schon von C. Ludwig[1]) auf theoretischem Wege der Schluss abgeleitet worden, dass in der natürlichen Lage und Verbindung des Herzens die Basis unbeweglicher ist, als irgend ein anderer Theil und zwar wegen ihrer vielfachen Anheftungen an die Arterien und Vorhöfe. Von allen Theilen der Basis, schliesst Ludwig weiter, wird wiederum der Theil der Scheidewand am unbeweglichsten sein, welcher mit der Aorta verbunden ist, weil er die relativ festeste Anheftung zeigt, und weil hier die Muskelmasse den grössten Querschnitt bietet.

Wir sehen, dass die Wirklichkeit diese Schlussfolgerungen Ludwigs bestätigt.

In den Serienbildern der Tafel I, Fig. I können wir Schritt für Schritt die Total-Bewegung des Herzens verfolgen. Der untere Herzrand, der z. B. im 1. Photogramme von der unteren Begrenzungs-Linie des Bildes nur wenig entfernt ist, rückt bis zum Bilde 3 immer höher hinauf, um sich von da ab bis zum letzten Bilde der Serie wieder dem unteren Bildrande zu nähern. Die Bewegung ist, wie durch Messung der Entfernung des linken Herzrandes von dem rechten Bildrande bestätigt wird, nicht nur nach oben, sondern auch nach rechts gerichtet.

Die Bewegung des oberen Theiles der Scheidewand ist ein Theil der partiellen Bewegungen des Herzens und kann erst gemeinsam mit diesen behandelt werden.

Das Hinaufrücken der oberen Antheile des rechten Ventrikels über den Fixpunkt der Total-Bewegung des Herzens, die Aufhänge-Stelle an der Aorta, erklärt sich aus der Überlegung, dass auch diese Erscheinung durch die anatomische Anlage der Aortenwurzel bedingt ist. Es wurde darauf hingewiesen, dass die Wurzel der Aorta tiefer liegt, als die obere Begrenzungs-Linie der Herz-Musculatur. Es ist daher leicht begreiflich, dass

---

[1]) C. Ludwig, l. c., S. 202.

alle oberen Antheile des Herzens auch in der Systole noch über die Aufhänge-Stelle des Organs hinaufreichen.

Die Richtung der Total-Bewegung des Herzens kann schliesslich auch durch Messung der Variation der Entfernung des rechten Herzrandes von dem linken Bildrande erkannt werden. Es ist am zweckmässigsten z. B. auf Tafel I, Fig. 1 die Übergangs-Stelle zwischen Atrioventricular-Grenze und rechtem Herzrand als Control-Punkt zu wählen. Der positive Ausfall der Messung an dieser Stelle ist von grosser Beweiskraft für die aus den Bildern abgeleitete Annahme, dass bei der Total-Bewegung jeder Punkt des Herzens nach rechts und oben rückt. Wir haben schon gehört, dass die partielle Bewegung des rechten Ventrikels in Bezug auf ihre Richtung der Total-Bewegung des Herzens direkt entgegengesetzt ist und in einer Zusammenziehung der rechten Kammer von allen Seiten her gegen das Septum besteht. Die Excursions-Grösse der Total-Bewegung des Herzens überwiegt demnach diejenige der speciellen Bewegung der rechten Kammer. In Folge dessen unterliegt auch der rechte Ventrikel mit jedem einzelnen seiner Punkte einer Verschiebung nach rechts und oben.

Die Total-Bewegung des Herzens ist in Übereinstimmung mit den diesbezüglichen Angaben der Literatur und nach meinen Befunden einzig und allein eine Function der linken Kammer.

Je kräftiger sich ceteris paribus — vor allem demnach die verticale Stellung des Herzens vorausgesetzt — der linke Ventrikel contrahirt, desto ausgreifender ist die Bewegung nach rechts und oben für jeden Punkt der Herzwand.

Dies wird uns aus der anatomischen Anlage des Herzens begreiflich. Die freie, grösste Wand des rechten Ventrikels stützt sich ja nach übereinstimmenden Beschreibungen mehrerer Autoren weniger auf die Scheidewand als auf die freie Wand des linken Ventrikels. Die rechte Kammer ist nur ein Anhängsel der linken Kammer und muss daher die Bewegung des hinaufschnellenden linken Ventrikels mitmachen. Die einzelnen Serien der kinematographischen Bilder bestätigen alle diesbezüglichen Angaben. Wir erkennen aus ihnen, dass die Grösse der Total-Bewegung des Herzens in geradem Verhältnisse zur Stärke und Ausgiebigkeit der Wirkung der linken Kammer steht, ja dass die Contraction der letzteren bei blosser Inspection die Veränderungen des Reliefs der von der linken mitgerissenen rechten Kammer beinahe zu verdecken vermag. Dies ist ganz besonders bei stürmischem und aufgeregtem Herzschlage der Fall.

In einem solchen Falle kann nur noch das chronophotographische Einzelbild und die Beobachtung der kinematographisch verlangsamten Bewegung Aufklärung schaffen. Das Einzelbild bringt infolge seiner „Gleichartigkeit" naturgemäss in der Beurtheilung der Locomotion des ganzen Herzens eine gänzlich einwurfsfreie Entscheidung.

Es ist für die Erklärung des Zustandekommens der Total-Bewegung von wesentlicher Bedeutung, bei dem Verlaufe der Muskelfasern der linken Kammer, wenn auch nur in gedrängter Kürze zu verweilen.

„Alle der Längsrichtung der linken Kammer mehr oder weniger parallel verlaufenden Fasern, es sind die äusseren und inneren Schichten, entspringen von den fibrotendinösen Ringen an der Kammerbasis und von der musculösen Seite der Aortenwurzel[1]). Sie gehen hier vorwiegend von zwei Stellen ab: dem Knorpel, der die Grenze zwischen rechter und linker Aortenklappe bildet und von dem, welcher über dem Boden der hinteren Klappe liegt, ausserdem in geringerem Masse von dem Atrioventricular-Ring. Sie gehen zum grössten Theil in den Wirbel der linken Kammer; nur die welche von dem hintersten Theile des Ringes entspringen werden zu äusseren Fasern des rechten Ventrikels. Diejenigen Fibrillen, welche dem Herzwirbel angehören, biegen in das Innere der Kammer um und laufen als innerste Schicht fast senkrecht nach oben. Hier haben sie zwei Endigungsweisen: sie inseriren entweder in Papillarmuskeln und Chordae tendineae oder am Atrioventricular-Ring; an diesem entweder direkt oder durch mehr oder weniger lange Sehnen."

Insbesondere die mächtigeren, aus dem hinteren und vorderen Winkel des Ostium venosum sinistrum und der Arteria Aorta hervortretenden Muskelfasern haben an diesen Stellen nach der Beschreibung C. Ludwigs[2]) auch zahlreiche Sehnenbündel.

Mächtigere Faserlagen mit nachweisbaren Ursprüngen entspringen ferner von dem Theil der Scheidewand, die an die Aorta grenzt. Es ist dies die bekannte Stelle der Aorta, welche beim Ochsen normal verknöchert. (C. Ludwig.)

---

[1]) Krehl, l. c., S. 345.
[2]) l. c. S. 194.

Aus dem Verlaufe und der Hauptrichtung der beschriebenen Fasermassen wird uns das Zustandekommen der Total-Bewegung des Herzens zur Genüge klar. Diese Fasern ziehen, indem sie sich verkürzen, den linken Ventrikel, der in ihnen, wie in einer Schleife liegt und mit dem linken Ventrikel den rechten in die Höhe. „Dum contrahuntur, omnia interiora latera veluti laqueo invicem compellant." (Harvey.)

Es gehen zudem auch nicht alle Fasern der äusseren Schichte durch den Herzwirbel, um in das Innere der Kammer umzubiegen und als innerste Schicht direkt nach oben zu verlaufen. Es treten vielmehr viele Fasern aus den äusseren Lagen in die mittleren und aus diesen in die inneren über. Die Wirkung der an den fibro-tendinösen Ringen der Basis, insbesondere an der Aortenwurzel, inserirenden Fasern wird daher umsomehr für alle Theile der Herzwand eine annähernd gleichmässige sein können.

Eine eingehendere Darstellung des Faserverlaufes im Herzen, soweit er aus den bisherigen Literatur-Angaben über diesen Gegenstand zu entnehmen ist, fällt zunächst nicht in den Bereich meiner Ausführungen. Ich habe dieselbe, soweit sie im allgemeinen für die Erklärung meiner Ergebnisse nothwendig erscheint, vorwiegend aus dem classischen Werke Hildebrandts Anatomie, 4. Auflage, besorgt von E. H. Weber, III. Bd., die eine vorzügliche Zusammenstellung der älteren Literatur darunter der Arbeiten von Casp. Frid. Wolff enthält, und aus den bereits citirten Abhandlungen von C. Ludwig, Henle, Hesse und Krehl entnommen.

Die systolischen Veränderungen des linken Ventrikels.

1. Die Umformung.

Wenn wir die Bilder der Tafel I einer eingehenden Betrachtung unterziehen und zu leichterem Erfassen ihrer Verschiedenheit in Diastole und Systole vorerst die Extreme, z. B. Bild 1 und 3 der Figur 1 einander gegenüberstellen, finden wir schon auf den ersten Blick eine vollständige Umformung der linken Kammer.

Es wurde anlässlich der das Studium der kinematographischen Einzelbilder einleitenden Bemerkungen darauf aufmerksam gemacht, dass die beigefügten Photographien in zwei Kategorien einzutheilen seien. In Bilder, welche mit der für den Lechner'schen Kinetographen zumeist usuellen Expositions-Zeit von $1/_{70}$ Sekunde angefertigt sind und in solche, für welche die Expositions-Zeit annähernd doppelt so lang genommen wurde. Insbesondere die letztere Gruppe zeigt umschriebenere Veränderungen des Oberflächenreliefs während der Systole deutlicher als jedes andere meiner Serienbilder. Die groben Formveränderungen des Herzens und jedes der beiden Ventrikel in toto, so z. B. die Längenunterschiede der Hauptdurchmesser, sind hingegen an den Bildern mit kürzerer Expositions-Zeit prägnanter und eindringlicher markirt, weil hier die Details weniger und nur verschwommen zur Geltung kommen.

Als **Haupt-Moment der systolischen Umformung des linken Ventrikels kann zunächst die Wölbungszunahme seiner Wände, beziehungsweise die Verlängerung seines Tiefendurchmessers** konstatirt werden. Während der linke Ventrikel in den Zeittheilen der Diastole vollkommen schlaff erscheint und einem flachen Kuchen gleicht, der sich von seinem Hintergrunde nur wenig abhebt, nimmt er während der Phasen der Systole eine rundliche, im Anfange der Systole sphärische, fast kugelige Form an, tritt plastisch aus dem Rahmen des übrigen Bildes heraus und praesentirt sich als strafferer, in allen seinen Theilen festgestellter Körper.

Die über einen grossen Theil der Vorderfläche der diastolischen, linken Kammer verbreiteten, undeutlich und verschwommen contourirten Licht-Reflexe sind auf dem Höhepunkte der Systole einem scharf umgrenzten, kleinen und hellen Lichtpunkte gewichen. Wir leiten daraus mit Recht den Schluss ab, dass die Krümmungs-Radien der vorderen Wand des linken Ventrikels während der Systole kleiner geworden sind und dass demnach die vordere Begrenzungs-Fläche an Wölbung in bedeutendem Masse zugenommen hat.

Das Studium der Bilder gestattet die Beurtheilung der Form des linken Ventrikels zunächst nur an denjenigen Theilen seiner Wände, welche bei Betrachtung von vorne her sichtbar sind, also bis zur vorderen Längs-Furche beziehungsweise bis zum Septum-Wulste. Die Kenntnis weiterer einschlägiger, zumtheile auch die übrigen Partien der Aussenfläche des linken Ventrikels betreffender Thatsachen, habe ich durch kinematographische Aufnahmen von der Seite her und durch vielfache Beobachtung des belebten kinematographischen Bildes ermittelt, ein Verfahren, das seinerseits wiederum viel zum besseren Erfassen der Bewegung des blossgelegten schlagenden Herzens beizutragen vermag[1]).

Eine Umformung durch Wölbungs-Vermehrung der Wand in den Zeittheilen der Systole kann ferner in gleicher Weise für alle Punkte der Oberfläche des linken Ventrikels nachgewiesen werden. Die Krümmungs-Radien erfahren während der systolischen Phasen auch an allen Stellen seiner hinteren Wand eine Verkleinerung.

Ein Querschnitt des linken Ventrikels, in den meisten Punkten seiner Längen-Achse senkrecht auf diese angelegt, ist somit während der Diastole des Herzens eine elliptische Figur, während der Systole nähert sich die Form des Querschnittes in allen Höhen der Längen-Achse mehr oder weniger der Kreisfigur.

Die einzige scheinbare Ausnahme hiervon werden wir später kennen lernen.

Das untere Ende der linken Kammer, der Spitzen-Antheil des ganzen Herzens, zeigt im Bilde die systolische Umformung am klarsten. Zumal in der ersten Phase der Systole hängt dieser Theil des Organes, wenn man von den Veränderungen des Reliefs der Oberfläche zunächst noch gänzlich absieht, den oberen Theilen fast wie eine Halbkugel an. Die Mitte der zur Kugel ergänzt gedachten Figur entspricht ungefähr der Mitte des Herzens.

---

[1]) In manchen anderen Bilder-Serien ist der systolische linke Ventrikel in einer Phase festgehalten worden, welche einem noch früheren Zeitpunkte der Systole entspricht. Es wäre, hätte ich durch bildliche Anführung aller in den kinematographischen Bildrollen enthaltenen Einzelphasen meine Erläuterungen belegen wollen, nöthig gewesen, die Zahl der Tafeln noch erheblich zu vergrössern. Dies ist aus folgendem Grunde unterblieben: Die Zeitintervalle, welche auf dem Bildbande ein Bild von dem folgenden scheiden, sind für alle Aufnahmen gleich. Es fiele dann bei einer Serie, deren zweites Bild zum Beispiel zeitlich zwischen Bild 1 und 2 unserer Tafel liegt, das zugehörige erste Bild noch in den Zeitpunkt der vorhergegangenen Herzpause. Ich habe es daher vorgezogen, in die Tafeln nur Bilder einer scharf umgrenzten Herzrevolution aufzunehmen und einzelne, spezielle, wichtige Theilfaktoren der Herz-Action durch Beifügung von Einzelbildern, die aus einer nicht vollständig reproduzierten Serie stammen, zu illustriren.

Der Spitzen-Antheil, der demnach während der Diastole die Form eines Rotations-Ellipsoids hat, vergrössert durch den Übergang zur kugeligen Form zunächst auch seinen Tiefen-Durchmesser.

Wir erkennen weiter, dass die Zunahme der Wölbung des Spitzen-Antheiles und derjenigen der ganzen linken Kammer im Beginne der Systole am deutlichsten ist, und dass sie in den weiteren Zeittheilen der Systole bestehen bleibt; doch ändert der Ventrikel mit dem Fortschreiten der Systole seine Grösse und seine Form. Die eigentlich fast halbkugel-ähnliche Gestalt seines unteren Endes ist im zweiten Bilde der genannten Tafel, also in der zweiten Phase der systolischen Formveränderungen, am besten zu sehen.

Auf Grund der erhaltenen chrono-photographischen Serienbilder kann nämlich eine ganze Herzevolution nach der Zahl der ihr zumeist entsprechenden Einzel-Photographien in acht bis neun Phasen eingetheilt werden.

Die Zunahme des sagittalen Herzdurchmessers während der Systole ist bereits von mehreren Autoren beschrieben worden. Nur einige Angaben seien hier angeführt. Ich muss hierzu bemerken, dass den Veränderungen jedes der beiden Ventrikel für sich genommen weniger Aufmerksamkeit geschenkt wurde, und dass die Massangaben sich zumeist auf das ganze Herz beziehen.

„Das erschlaffte Herz erscheint länger und von vorne nach hinten abgeplattet, so dass die Basis eine Ellipse darstellt, deren grosser Durchmesser von rechts nach links, deren kleiner von vorne nach hinten liegt und kürzer ist, als der Durchmesser der kreisförmigen Basis des contrahirten Herzens" (Carl Ludwig)[1].

Durch seine genauen Messungen am Katzenherzen fand Ludwig, dass das Herz sich in horizontaler Lage bei seiner Systole in der Weise verändert, dass der Durchmesser von vorne nach hinten zunimmt.

Die Beobachtung der kinematographischen Bilder erweist uns die Giltigkeit der Annahme der Vergrösserung des Tiefen-Durchmessers für den Anfang, in abnehmendem Masse für die ganze Dauer der Systole, auch in vertikaler Stellung des Herzens.

---

[1] Carl Ludwig, l. c., S. 189.

Ludwig bewies übrigens durch Messungen an dem im Herzbeutel eingeschlossenen, horizontal und frei aufgehängten Herzen die gleiche Variation des sagittalen Durchmessers.

Dieselbe Regel gilt für das im Körper befindliche Organ. Das lehren u. a. die Beobachtung von Chauveau und Faivre[1]), sowie zahlreiche Versuche und Studien der englischen Kommissionen[2]).

Man erhält eine vollständige Bestätigung dieser Befunde, wenn man das noch im normalen Kreislaufe arbeitende Herz in Profil-Ansicht beobachtet.

Auch die Untersuchungen von Bamberger und Köllicker[3]) an Kaninchenherzen stimmen darin überein, dass jeder zur Basis parallel liegende Querschnitt, der am ruhenden Herzen ebenso wie die Basis selbst elliptische Gestalt angenommen hat, während der Systole in die Kreisform überzugehen scheint. Die systolische Wölbung der Kammerwand zeigte sich bei den Beobachtungen von Bamberger und Köllicker an jedem Punkte der blossgelegten Kammerwand in gleicher Stärke. Zwischen den oberen Antheilen des Herzens und der Herzspitze war hierbei kein Unterschied zu bemerken.

Die Angabe von der Vermehrung des Tiefen-Durchmessers des linken Ventrikels während der Systole bedarf nunmehr aber nach meinen kinematographischen Bildern einer wesentlichen Ergänzung. Dieselbe bezieht sich zunächst auf die Veränderungen der Form seines Spitzen-Antheiles und ist, wie ich glaube, von principieller Bedeutung.

Wir vergleichen die beiden Bilder der Tafel I, Fig. IV miteinander, die ihrer Aufnahme nach um einen Zeitraum von $1/16$ Sekunde differieren und ein Herz darstellen, das in Vorder-Seiten-Ansicht photographirt wurde. Das photographische Objectiv war im Verhältnisse zum Herzen auch tiefer gestellt, als in den anderen Fällen, so dass die Photographien nicht nur die Vorderfläche, sondern auch den unteren Theil des Seitenrandes und einen kleinen Theil der unteren Fläche des Herzens zeigen. Das

---

[1]) Chauveau u. Faivre, l. c., p. 365 ff.
[2]) Report of the British Association, p. 456, Cambridge 1833, (Carlisle); p. 244 ff., Dublin 1835, p. 204; Glasgow 1841, citirt nach Rollett in Hermann, Handbuch der Physiologie.
[3]) Bamberger u. Köllicker, Beiträge zur Physiologie u. Pathologie des Herzens, Virchows Archiv, Bd. 9, S. 338.

ganze Herz erscheint in diesen Bildern perspectivisch verkürzt. Aus dem Bilde 2 ist ein Befund zu entnehmen, der mir zumal für die Lehre vom Herzstosse von grosser Wichtigkeit zu sein scheint.

An der Vorderfläche des Spitzen-Antheiles, zwischen dem unteren Herzrande und dem unteren Theile der vorderen Längsfurche, näher der letzteren, ist eine umschriebene Prominenz nach vorne herausgetreten, die während der Diastole nicht bestanden hatte.

Während der Diastole stellt die Herzspitze den am weitesten nach links und unten vorgeschobenen Theil des Herzens dar. Die basale Fläche des von ihr in der Diastole gebildeten Kegels ist nach rechts und oben gewendet, die Längs-Achse der Herzspitze fällt mit der Längs-Achse des ganzen übrigen Herzens zusammen. Wir können uns im Bilde diese Achse construiren, indem wir die Herzspitze durch eine Gerade mit dem Mittelpunkte der Concavität verbinden, die den oberen, rechten Rand des rechten Ventrikels von dem convex hervorspringendem Conus arteriosus scheidet. Die Vorderfläche des Spitzen-Antheiles ist während der Diastole gleichmässig schwach convex.

Während der Systole tritt nun das untere Herzende aus der Längs-Achse des ganzen Herzens nach vorne und dann nach rechts heraus, um mit derselben einen nach rechts offenen, stumpfen Winkel zu bilden. Es macht, um in diese systolische Lage zu gelangen, Bewegungen mit, auf die ich später ausführlich eingehen werde, die Rotations- und die Hebel-Bewegung.

Die während der Systole an der Vorderfläche des Spitzen-Antheiles zutage tretende Prominenz bildet jedoch nicht mehr den unteren Herzrand. Sie liegt höher als dieser und ist demnach nach links und unten noch von Herzfleisch überragt. Sie ruht dem Spitzen-Antheile zumal in dem zweiten Bilde unserer Tafel wie eine Kugelkappe auf, deren basale Fläche geradeaus nach rückwärts gerichtet ist. Die von ihrem Scheitel auf die Mitte ihrer Basis errichtete Senkrechte schliesst mit der Längs-Achse des ganzen Herzens einen nach vorne offenen Winkel ein. Die Vorwölbung bleibt während der ganzen Dauer der Systole bestehen und macht daher naturgemäss jede einzelne Hauptbewegung des Spitzen-Antheiles mit.

Eine — sit venia verbo — anatomische Herzspitze markirt sich in diesem Bilde als eine kleine, von einem hellen Lichtpunkte gekennzeichnete Prominenz, die unterhalb der beschriebenen systolischen Kuppe zu finden ist und von dieser durch eine beschattete Partie getrennt wird; sie ist demnach von der an der Vorderfläche des Spitzen-Antheiles während der systolischen Phasen aufgetretenen Verwölbung wohl zu unterscheiden.

Beobachtet man die Entwicklung dieser Umformung am belebten und verlangsamten kinematographischen Bilde, dann wird der ganze Vorgang noch klarer und deutlicher. An dem Spitzen-Antheile des Herzens tritt nämlich während der Systole allmählich eine Verschiebung des Reliefs der Oberfläche ein. Man sieht von der Herzspitze aus beginnend eine Verwölbung in der Wand des Spitzen-Antheiles nach oben wandern.

Es ist naheliegend anzunehmen und stimmt auch wohl mit den thatsächlichen Verhältnissen überein, dass es Partien der Spitzen-Gegend selbst sind, welche sich während der Systole von ihrem Orte entfernen, nach oben rücken, oder vielmehr nach oben und vorne gezogen werden, um anderen Partien der Herzwand, die während der Diastole seitlich und hinten gelegen hatten und die nun nach vorne herüber gedreht werden, Platz zu machen.

Dass das untere Herzende der Systole nicht von den nämlichen Theilen der Herzwand gebildet wird, welche auch während der Diastole das unterste Ende des linken Ventrikels formiren, ist nach dem Vorausgesagten klar, weil die letzteren Theile ja zur Bildung der Vorwölbung herangezogen werden mussten.

Wir wollen daher fortab die Nomenclaturen „anatomische Herzspitze" und **„systolischer Herzbuckel"** unterscheiden. Als anatomische Herzspitze bleibt derjenige Theil des Herzens zu bezeichnen, der während der Diastole und am todten Herzen die am weitesten nach links und unten gelagerte Partie des Herzens umfasst, der aber zumal im Beginne der Systole in dem sich abrundenden, unteren Herz-Contour fast vollständig untergeht. Ein schmales, unteres Herzende differenzirt sich erst in den späteren Phasen der Systole wieder deutlich, wenn bereits eine Verschmälerung der linken Kammer eingetreten ist.

An der Vorderfläche des Spitzen-Antheiles bildet sich während der Systole eine Vorwölbung, der systolische Herzbuckel aus, welcher nur die Zeit der Systole hindurch besteht, und von dem sowohl am diastolischen als naturgemäss auch am todten Herzen keine Spur mehr vorhanden ist.

Der Spitzen-Antheil des ganzen Herzens verändert demnach seine Form zunächst durch allseitige Wölbungs-Zunahme. Hand in Hand mit dieser Form-Veränderung tritt als noch weiter gehende Umformung die Bildung des systolischen Herzbuckels an seiner vorderen Fläche auf. Dieser präsentirt sich nach geschehener Umgestaltung als ein halbkugeliger Körper, der, wie gesagt, mit der Längsachse des Spitzen-Antheiles einen nach vorne offenen Winkel bildet, dem Spitzen-Antheile aufgesetzt erscheint und damit den Tiefendurchmesser des Herzens an dieser Stelle noch weiter während der ganzen Dauer der Systole erheblich vergrössert.

Kehren wir nunmehr wieder zu dem Ausgangspunkte dieses Abschnittes zu den Bildern unserer Tafeln zurück. Sie zeigen uns eine weitere Componente der systolischen Umformung, die wohl genetisch beiden Kammern angehört, von den partiellen Veränderungen des linken Ventrikels jedoch nicht gut zu scheiden ist. Ich meine die Ausprägung einer tiefen Furche an der Vorderfläche des ganzen Herzens zwischen dem rechten und linken Ventrikel, während der ganzen Dauer der Systole. Sie umfasst die ganze vordere Längsfurche, ist jedoch in den beiden unteren Drittheilen derselben stärker ausgesprochen und überragt die Längsfurche nach oben und nach unten hin. Sie reicht von dem Septum-Wulste der Vorderfläche als tiefe, breite Rinne bis an den systolischen Herzbuckel, welcher in diesen Stadien distinct neben dem unteren Furchenrande prominirt. Sie scheidet daher den Spitzen-Antheil des Herzens während der Systole von den oberhalb gelegenen Theilen der Herzwand ab.

Die Genese dieser tiefen Furche, die man in allen blossgelegten, kräftig schlagenden Herzen sich in jeder Systole ausprägen sieht, ist mir lange unklar geblieben. Sie kommt wohl zumtheile dadurch zustande, dass sich während der Systole der linke und der rechte Ventrikel entsprechend der verschiedenen Form ihrer Höhlen und ihrer verschiedenen Bauart nach verschiedenen Radien krümmen. Theilweise ist die Ausprägung der Furche gewiss auch durch den Umstand zu erklären, dass sowohl unter ihr, als auch, wie wir hören werden, ober ihr während der Systole Vorwölbungen zu Stande kommen, die ein relatives Zurückbleiben derjenigen Theile bedingen, die eben der Furche angehören. Den dritten Factor, der mit bei dem Zustandekommen der Furche wirksam ist, stellen die erst zu besprechende Hebel- und die Rotations-Bewegung dar.

Das distincte Hervortreten des systolischen Herzbuckels und die Bildung der tiefen Furche oberhalb desselben, können auch bei kinematographischer Beobachtung den Eindruck einer, man könnte sagen „hakenförmigen" Krümmung des ganzen Spitzen-Antheiles aus der Längsachse des ganzen Herzens heraus nach vorne erwecken. Es liegt zumal, wenn dasjenige, was ich systolischen Herzbuckel genannt habe, mit dem unteren Herzrande identificirt wird, die Möglichkeit dieser Täuschung sehr nahe, besonders dann wenn man nur die Extreme der Systole und Diastole vor Augen hat und von den sich allmählich entwickelnden Übergängen nicht Kenntnis besitzt. Man darf jedoch nicht übersehen, dass das untere Herzende selbst während der Systole ein wenig nach rückwärts geneigt erscheint, und dass es eben der systolische Herzbuckel ist, welcher jenen Eindruck zuwege bringt.

Es soll auch nicht unterlassen werden, darauf hinzuweisen, dass die Umformung des Spitzen-Antheiles sich nicht immer so klar ausprägt, wie in den Bildern der beigefügten Tafel. Oft entsteht oberhalb der anatomischen Herzspitze nichts weiter als eine flache, von der Umgebung nur unscharf sich abhebende Vorwölbung; von hier bis zum Maximum, das wohl der im Bilde festgehaltenen Form entsprechen dürfte, sind unzählige Übergangsgrade möglich.

Die beschriebene Formveränderung scheint von Haller im oben angedeuteten Sinne aufgefasst worden zu sein. Seine Beschreibung trifft insoferne zu, als der systolische Herzbuckel in der That winkelig zur Achse des übrigen Herzens eingestellt ist.

In den „Elementa physiologiae" Band 1, Seite 389, findet sich folgende Stelle: „Unā apex quidem cordis uterque ad basin adtrahitur brevior fit & paulum antrorsum recurvatur & dextrorsum ad basin se quasi replicat atque adeo cor brevius redditur."

Es ist klar, dass Haller, der diese Beschreibung der Bewegung des Säugethier-Herzens aus der freien Beobachtung allein zu deduciren hatte, durch die Ausprägung der tiefen Furche zwischen dem Herzbuckel und dem Septum-Wulste zur Annahme einer hakenförmigen Krümmung der Herzspitze geleitet wurde. Eine solche besteht nur in dem früher eingehend ausgeführten Sinne. Das untere Herzende selbst aber ist, soweit es während der Systole in dem abgerundeten unteren Herzcontour zu differenziren ist, eher nach einer entgegengesetzten Richtung, und zwar ein wenig nach hinten gekrümmt, eine Lage die es auch an einem Herzen einhält, das nach der Methode von Hesse und Krehl in Systole fixirt wurde. Der gleiche Befund erhellt zumal für die späteren Phasen der Systole aus allen Bildern der Tafeln, die in kürzerer Expositions-Zeit entstanden sind, und die den systolischen Herzbuckel nicht so deutlich zeigen.

Die Ausprägung der systolischen Furche an der Vorderfläche des Herzens, die bei Vagus-Reizung durch Aussetzen der Athmung, und dadurch verlangsamter Herzaction, leichter zu constatiren ist, wird in den neueren und neuesten Lehrbüchern der Physiologie gar nicht erwähnt. Eine Andeutung davon enthält nur Kürschners Abhandlung „Herz" (in Wagner, Handwörterbuch der Physiologie). Diesen Autor scheint darauf die oben citirte Stelle aus Hallers Elementa physiologiae geführt zu haben. Er ist der Ansicht, dass Haller zu der Annahme einer hakenförmigen Krümmung der Herzspitze sich dadurch veranlasst gesehen habe, dass während der Contraction die äussere Wand in der Nähe des Ostium venosum bauchartig hervorgetrieben wird, während sie mehr gegen die Spitze auf dem Septum aufzuliegen scheint. Mit der „bauchartigen" Hervortreibung kann nur die systolische Ausbauchung des Septum gemeint sein, die ebenfalls ein Theilfactor der Systole ist, die aber mit dem Zutagetreten der Furche nur theilweise im Zusammenhange steht. Bei der kinematographischen Beobachtung, auch bei Inspection eines durch Vagus-Reizung verlangsamt schlagenden Herzens erscheint nämlich die Bildung der Furche zweifellos als ein activer Vorgang; der Gesammteindruck wird durch den von Kürschner als wesentlich hervorgehobenen Factor höchstens verstärkt und erhöht, der Vorgang selbst jedoch nur theilweise erklärt.

Auch an einem nach der Methode von Hesse und Krehl in Systole fixirten Herzen (ich habe in dieser Weise Hunde-Herzen und ein Affen-Herz behandelt) prägt sich die systolische Furche zwischen rechtem und linkem Ventrikel deutlich aus, sowie an einem derartigen Objecte, wenn auch nicht vollständig zutreffend, so doch annähernd, viele andere Merkmale des Höhepunktes der Systole sich erkennen lassen.

Stricker machte meines Wissens bei den episkopischen Demonstrationen des schlagenden Säugethier-Herzens seine Hörer seit mehreren Jahren immer auf die Bildung der eben beschriebenen Furche während der Systole aufmerksam. Meine kinematographischen Bilder und noch besser die Reproduction der Bewegung des mehrfach vergrösserten, schlagenden Herzens haben mich diese Angabe bestätigen gelehrt; sie ist für das Verständnis der Systole und des Herzstosses von grosser Wichtigkeit.

Bild 3 und 4 der Tafel I, Fig. I und Tafel II, Fig. I zeigen bereits eine weitere Componente der Formveränderung des linken Ventrikels, seine bedeutende Verschmälerung, beziehungsweise die Abnahme seines queren Durchmessers. Am kinematographischen Bilde ist es allerdings nur der Spitzen-Antheil, der als Kriterium der eingetretenen Verschmälerung dient, weil ja der grössere Theil des linken Ventrikels durch den vor ihm liegenden, rechten verdeckt wird. Doch ist die Veränderung eine höchst sinnfällige und charakteristische. Im Bilde 3 und 4 gleicht der Spitzen-Antheil des Herzens im Längsdurchschnitte einem sphaerischen Dreiecke und wir haben keinen Grund annehmen zu müssen, dass die oberen Antheile des linken Ventrikels quo ad Abnahme des Querdurchmessers sich von den abwärtigen verschieden verhalten. Durch Messungen an dem im Körper befindlichen Thier-Herzen lässt sich die Verkleinerung der Querachse des linken Ventrikels zudem jederzeit leicht beweisen, wie dies ja auch bereits durch Arnold, Skoda und ganz besonders durch die Methoden von Carl Ludwig geschehen ist.

Ich komme nunmehr zur Besprechung einer weiteren Componente der systolischen Umformung des linken Ventrikels, zur Form-Veränderung des Septum-Wulstes.

Mit Rücksicht auf den anatomischen Aufbau des Herzens ist das Septum fast ausschliesslich zu der linken Kammer zu rechnen. „Wenn man nach dem Beispiele Winslow's die beiden Herzkammern von einander naturgemäss absondern und lostrennen und dabei so wenig Fasern als möglich durchschneiden will, muss man den grössten Theil der Scheidewand der Herzkammern am linken Ventrikel zurücklassen" (Weber)[1]). Dies hängt zum grossen Theile gewiss mit der Textur des linken Ventrikels und speciell mit der Anordnung und dem Verlaufe der Fasern der mittleren Fleischlage des „Mittelstücks" von Krehl[2]) zusammen, welche der linken Kammer allein angehören, die jedoch auch mit den mehr längs verlaufenden Fasern, zumal der innersten Schichten, vielfach in Verbindung treten. Ich kann für das Studium der Anatomie des Herzens die Arbeit von Krehl nicht genug rühmen. Insbesondere seine ganz ausgezeichneten Illustrationen waren mir für das Verständnis der ganzen Herzbewegung und ihrer speciellen Theile vom bedeutendem Werte.

„Die Muskelfasern des Mittelstückes laufen aussen vorn von rechts oben nach links unten, doch wenig steil, der Horizontalen stark angenähert; an der Seite und hinten aussen in entsprechender Richtung; auf der Innenseite gerade umgekehrt, also z. B. an der seitlichen Wand innen von hinten oben nach vorn unten. Auf der Aussenfläche der Scheidewand gehen sie in derselben Richtung, an der linken Kammerfläche der Scheidewand umgekehrt. Man muss sich die Vorstellung bilden, dass die Fasern dieses Mittelstückes Schlingen darstellen, welche zu ihrem Ausgangspunkte zurückkehren, weil sie nicht sehnig enden. In ihrem Verlaufe biegen sie theils ein-, theils zweimal um. An diesem Verlaufe ist zweierlei bemerkenswert: Die Schlingen gehen in allen möglichen Winkeln zur Längsachse der linken Kammer, doch entschieden so, dass die stumpfen Winkel vorherrschen. Und dann wechselt die einzelne Schlinge in ihrem Verlaufe häufig ihren Abstand von der idealen Mitte des linken Ventrikels. Von den Fasern des Mittelstückes gehen gewiss auch manche durch die Herzspitze, ebenso wie von den äusseren

---

[1]) Hildebrandt's Anatomie, l. c., S. 147.
[2]) l. c., S. 346 u. 347.

und inneren Längsfasern sich ein Theil dem Mittelstücke beigesellt".

Sieht man sich Querschnitte eines Herzens an, dann findet man, dass der vorwiegende Theil der Septum-Fasern von den dem Mittelstücke zuzurechnenden und den an diese herantretenden Fleisch-Bündeln gebildet wird.

Allen Fasern, die einen Hohlmuskel darstellen, dient während der Contraction das Contentum zur Stütze, gegen welches sie wirken (Kürschner)[1].

Diese Fasern sind es nun gerade, die bei ihrer systolischen Contraction die vermehrte Wölbung der Wände des linken Ventrikels bedingen, an der naturgemäss — entsprechend ihrer Haupt-Betheiligung an dem Aufbaue der Scheidewand — auch diese theilnehmen muss.

Es ist klar, dass durch die Wölbungs-Vermehrung der Tiefen-Durchmesser des Herzens insbesondere in jener Phase der Systole am stärksten vergrössert wird, wo die Wand des Herzens bei noch geschlossenen Klappen über seinem Inhalte straff wird, in der Periode der Anspannungs-Zeit.

Ich habe bei meiner Methode der kinematographischen Beobachtung, später auch am freiliegenden Herzen direct eine Wölbungs-Zunahme des Septum-Wulstes constatiren können. Der Septum-Wulst tritt im Relief der vorderen Wand während der Contraction deutlich hervor; zu gleicher Zeit ist damit auch eine Ausbiegung des Septum-Wulstes nach oben, gegen die Basis des Herzens verbunden, die nicht zu verwechseln ist mit derjenigen Bewegung, welche der Septum-Wulst an einem vertical stehenden Herzen im Vereine mit der Total-Bewegung des Herzens nach oben macht, denn die Ausbiegung nach vorne und zugleich nach oben tritt auch in denjenigen Fällen auf, wo infolge einer schwächeren Contraction des linken Ventrikels die Total-Bewegung des Herzens gar nicht oder nur andeutungsweise zustande kommt; sie ist am deutlichsten an einem im normalen Kreislaufe befindlichen, horizontal gelagerten Herzen.

---

[1] Kürschner, l. c., S. 35 u. 36.

2. Die Lageveränderungen des linken Ventrikels.

a) Die Rotations-Bewegung.

In dem Theile des vorigen Capitels, der von der Entstehung des systolischen Herzbuckels und von der Ausprägung der systolischen Furche zwischen den beiden Ventrikeln handelt, wurde auch eine weitere Componente der Systole des linken Ventrikels bereits angedeutet. Es ist die Bewegung des linken Seitenrandes, beziehungsweise die Drehung des Spitzen - Antheiles, die sogenannte Rotations-Bewegung des Herzens. Sie ist in den Einzelbildern nicht leicht erkennbar, für mich jedenfalls deutlicher, da ich zumal bei der verlangsamten Reproduction des kinematographischen Bildes immer wieder Gelegenheit hatte, sie genau zu beobachten. Doch kann sie auch in den Photographien allein ohne Zweifel erkannt werden.

Die Rotations-Bewegung besteht de norma bei Betrachtung von vorne in einer Bewegung des ganzen linken Seitenrandes und des ganzen Spitzen-Antheiles über vorne nach rechts im Sinne einer Pronation der mit der volaren Fläche — die Fingerspitzen nach abwärts — auf die vordere Brustwand aufgelegten Hand. Diese Bewegung erscheint auch bei Inspection des blossgelegten, schlagenden Herzens schon für den ersten Anblick an den einzelnen Puncten der linken, seitlichen Umrandung qualitativ gleich und quantitativ verschieden. Die Excursions-Grösse der einzelnen Puncte nach vorne und rechts nimmt mit der Zunahme ihrer Entfernung von der anatomischen Herzspitze ab, so dass die letztere die in Bezug auf die Amplitude der Bewegung am stärksten betheiligten Stellen des linken Ventrikels umfasst.

Diese Componente der systolischen Veränderungen ist in den Angaben verschiedener Beobachter in mehr oder weniger deutlicher und zutreffender Weise beschrieben.

Eine gute Darstellung der Form dieser Bewegung gibt Hesse[1]). „Wenn man die Basis desselben diastolischen und

---

[1]) Hesse, l. c., S. 336.

systolischen Herzens parallel zu einer unterliegenden Horizontal-Ebene stellt und von den gleichen Marken der Basis aus die Lothe auf die Herzoberfläche zeichnet, so stellt sich heraus, dass im contrahirten Herzen andere Puncte auf diese Lothe fallen, als am dilatirten. Es hat sich nämlich bei jenen die Aussenfläche des linken Ventrikels in der Richtung nach der vorderen Längsfurche hin verschoben, d. h. der Ventrikel hat eine Drehung nach rechts um seine Längsachse erfahren; von der rechts bleibenden Basis nimmt diese Drehung gegen die Spitze allmählich zu und lässt sich am leichtesten dadurch erkennen, dass die hintere Längsfurche am systolischen Herzen nicht mehr senkrecht verläuft, sondern von der Basis gegen die Spitze hin etwas nach links abweicht".

Auch andere Autoren stimmen in der Beschreibung dieser Bewegung überein, die nach meinen Erfahrungen am Hunde-Herzen, am Affen-Herzen und am menschlichen Herzen, solange es kräftig schlägt, ohne Zweifel ein regulärer Theil des Herzschlags ist.

Die Rotations-Bewegung tritt in allen Körper-Stellungen des Versuchsthieres und in sämmtlichen Lagen des Herzens auf; sie ist eine Function der linken Kammer und verschwindet, wenn durch willkürliche oder zufällige Einflüsse die Thätigkeit des linken Ventrikels herabgesetzt wird.

Die Literatur enthält auch bereits einzelne Beschreibungen der Rotations-Bewegung nach Beobachtungen an lebenden, blossliegenden Menschen-Herzen.

Die erste genaue Schilderung der systolischen Rotation des linken Ventrikels beim Menschen stammt von Wilckens[1]).

Seine Darstellung enthält auch eine Anführung der Mehrzahl aller bis zum Jahre 1874 beobachteten Fälle von theilweise oder vollkommen freiliegenden Herzen, denen auch jene Fälle beizurechnen sind, wo durch eine penetrirende Wunde oder durch einen anus praeternaturalis die Herzbewegung in weiterem Masse als de norma der Betastung zugänglich war.

---

[1]) Wilckens, l. c., S. 233.

Im Wilckens'schen Falle war durch eine nach eitriger, linksseitiger Pleuritis zurückgebliebene Fistelöffnung das nur vom Herzbeutel umkleidete Herz deutlich zu sehen.

Die Beschreibung von Wilckens ist in Bezug auf die Form der systolischen Rotation vollkommen zutreffend. Ich habe eine so exacte Schilderung dieser Componente der Systole am menschlichen Herzen in der ganzen Literatur nicht wieder gefunden. Wilckens erwähnt auch die jedesmalige, relative Verlagerung der vorderen Längsfurche während der Systole, die in freier Inspection jedenfalls nur bei sehr scharfer Beobachtung und sehr günstigem Beobachtungs-Objecte zu erkennen ist, und die durch die kinematographischen Einzelbilder nunmehr für das Hunde-Herz vollkommen bestätigt wird. Seine diesbezügliche Schilderung lautet:

„Bei jeder Systole bemerkte man deutlich, dass sich der linke, ziemlich scharfe Rand nach vorne und rechts bewegte, während die Verticalfurche, die sich auch auf dem Herzbeutel abzeichnete, mehr auf die Mitte des Herzkörpers zu liegen kam, da ein grösserer Theil des linken Ventrikels nach vorne gelagert wurde".

Wilckens nennt die beschriebene Locomotion eine Rotations-Bewegung des Herzens, doch mit Unrecht, denn nur der linke Ventrikel geht eine Drehung im oben geschilderten Sinne ein, was übrigens ja auch aus seiner eigenen Beschreibung zweifellos hervorgeht.

Andere Publicationen über freiliegende menschliche Herzen wie u. a. jene von v. Ziemssen[1]) enthalten kaum eine Andeutung der Rotations-Bewegung.

Ich selbst[2]) hatte gleichfalls einmal (im Mai des Jahres 1894) Gelegenheit, die Bewegungen des freiliegenden Herzens an einem Kranken zu beobachten, bei dem nach einer Schussverletzung der linken Brustwand wegen eingetretener Complicationen im Wundverlaufe ausgebreitete Resectionen der linksseitigen vierten, fünften und sechsten Rippe zwischen Parasternal- und Mammillarlinie vorgenommen worden waren.

Die Beschreibung der Bewegung dieses Herzens, das ich innerhalb des durchscheinenden Pericards mehrere Tage lang

---

[1]) v. Ziemssen, Deutsches Archiv f. klin. Med. 1882, Bd. 30, S. 270.
[2]) l. c.

beobachten konnte, enthält auch die Rotations-Bewegung: „Jedes Emporschnellen der Spitze coincidirte mit einer spiraligen Rotation des ganzen linken Seitenrandes, und zwar bewegte sich der Seitenrand über links und vorne gegen die Vertical-Achse des Körpers".

Der trefflichen Schilderung Wilckens zuwider lautet die Darstellung der Rotations-Bewegung am menschlichen Herzen durch Cruveilhier[1]). Nach dieser Beschreibung soll sich das Herz während der Systole von rechts nach links gedreht haben. Tigerstedt[2]) ist gewiss mit Recht der Meinung, dass Cruveilhier Systole und Diastole verwechselt habe.

Von Harvey stammt die erste Beschreibung der Rotations-Bewegung des linken Ventrikels. Es ist zweifellos, dass Harvey hierin voll und ganz das Richtige traf. Auf Seite 50 und 51 der Exercitationes anatomicae, De motu cordis etc. findet sich nämlich die folgende Stelle: Si quis . . . . . . cordis motum diligenter in vivâ dissectione animadverterit, videbit non solum, quod dixi, cor sese erigere, & motum unum facere, cum auriculis continuum sed undationem quandam & lateralem inclinationem obscuram, secundum ductum ventriculi dextri, & quasi sese leviter contorquere, & hoc opus peragere etc. . . . . . .

Auch in den „Elementa physiologiae" von Haller ist eine unverkennbare Beschreibung der Rotations-Bewegung enthalten.

In unserem Jahrhunderte wurde die rotatorische Bewegung des Spitzen-Antheiles des Herzens, wie erwähnt, von Chauveau und Faivre[3]), sowie von Hesse[4]) beim Hunde, von Bamberger[5]), Jahn[6]), Filehne und Penzoldt[7]) beim Kaninchen und beim Menschen auch von François-Franck[8]) beschrieben.

Die Rotations-Bewegung des Herzens, die, wie bereits Kürschner[9]) hervorhob, an allen blossgelegten Herzen zu sehen ist, erfolgt also in der Weise, dass das Herz mit seinem unteren und mit dem seitlichen, linken Rande eine Drehung über vorne

---

[1]) Cruveilhier, Gazette médic. de Paris 1841, S. 498.
[2]) Tigerstedt, l. c., S. 75.
[3]) Chauveau u. Faivre, l. c.
[4]) Hesse, l. c.
[5]) Bamberger, l. c., S. 343.
[6]) Jahn, Deutsch. Archiv f. klin. Med. 16, S. 219, 1875.
[7]) Filehne u. Penzoldt, l. c., S. 482.
[8]) François-Franck, Travaux du labor d. Marey 3, S. 313, 1877.
[9]) Kürschner, l. c., S. 41.

nach rechts ausführt. Während zur Zeit der Diastole die vordere Fläche des Herzens zum grossen Theile vom rechten Ventrikel gebildet wird, macht der linke Ventrikel während der Systole eine Achsendrehung, so dass jetzt ein grösserer Theil der vorderen Fläche vom linken Ventrikel nach vorne zu liegen kommt. Wenn man bei Betrachtung der Bilder die vordere Längsfurche als Massstab der Veränderung annimmt, ist diese Umformung der vorderen Herzwand am besten zu erkennen. Die Locomotion macht im ganzen genommen den Eindruck einer spiraligen Bewegung.

Als Ergänzung des bisher über die Rotations-Bewegung, die also in engerem oder weiterem Masse bereits älteren Autoren bekannt war, gesagten, ist nunmehr noch die Thatsache anzuführen, dass die Rotations-Bewegung die am längsten dauernde systolische Bewegung der linken Kammer darstellt, so dass andere Componenten ihrer Systole diese Drehung mitmachen müssen. Es muss daher auch der systolische Herzbuckel noch im Endtheile der Drehung vorhanden sein. Der Endpunkt der Rotations-Bewegung fällt zeitlich immer vollkommen mit der tiefsten Ausprägung der systolischen Furche an der vorderen Herzfläche zusammen.

„Es ist von vorneherein wahrscheinlich, dass die Rotations-Bewegung als ausgiebigste aller intendirten Bewegungen die anderen an Zeitdauer bis zu ihrer Vollendung übertrifft" (Damsch)[1]).

Je stärker die Rotations-Bewegung im concreten Falle ausgesprochen ist, desto tiefer prägt sich auch die systolische Furche an der vorderen Herzfläche aus. Dies beweist, dass zwischen Rotation des linken Ventrikels und systolischer Furche ein causaler Zusammenhang zweifellos besteht. Die Kenntnis dieser Thatsachen ist von grosser Wichtigkeit, da sie auch im geschlossenen Thorax als Theilfactoren des Herzstosses mitunter zum Ausdruck kommen.

Der zeitliche Unterschied ist ziemlich deutlich auch mit freiem Auge an Säugethier-Herzen zu erkennen, die dem Körper entnommen wurden und die unmittelbar, nachdem sie zu

---

[1]) O. Damsch, Über die Bewegungsvorgänge am menschlichen Herzen, Leipzig und Wien, Franz Deuticke, 1897, S. 45.

schlagen aufgehört haben, künstlich durchblutet und dadurch wieder belebt werden. Dieselben zeigen anfangs einen stark verlangsamten Rhythmus und entsprechen mit Bezug auf die Geschwindigkeit des Ablaufes ihrer Contractionen manchmal fast ganz dem Bilde, das ich bei verlangsamter Reproduction der kinematographischen Bewegung erhalten habe.

Der beschriebene, zeitliche Unterschied in dem Sichtbarwerden der einzelnen Componenten der Systole des linken Ventrikels tritt ganz besonders deutlich in denjenigen meiner kinematographischen Einzelbilder zutage, welche behufs leichterer Erkennung der einzelnen systolischen Theilfactoren mit Marken (glänzenden Knöpfen) versehen worden sind.

Der unterste, im Spitzen-Antheile befestigte Knopf, der in Bild 1 und Bild 2 der Tafel I Fig. III seine basale Fläche nach rechts und oben wendet, ist in Bild 3 rein frontal gestellt. Seine basale Fläche ist in diesem Stadium geradeaus nach rückwärts gerichtet.

Im Bilde 2 weist dieses Herz bereits deutlich die Kriterien der im Bilde 2 der Fig. IV beschriebenen Umformung auf; das Knöpfchen im Spitzen-Antheile zeigt jedoch noch ein der Stellung in 1 analoges Verhalten an.

Ich möchte nach dem Eindrucke, den ich aus der Reproduction des belebten Bildes schöpfte, betonen, dass ich an den zur Vorderfläche des Herzens gehörigen Theilen der rechten Kammer niemals Bewegungen dieser gesehen habe, die darauf hätten schliessen lassen, dass auch der rechte Ventrikel die Rotations-Bewegung mitmache. Die letzere wird de norma eigentlich nur von den unteren Theilen der linken Kammer ausgeführt. Als Beweis hierfür diene auch der Umstand, dass bei geschwächter Action des linken Ventrikels die Rotations-Bewegung fehlen kann, während alle Theilfactoren der systolischen Umformung des rechten Ventrikels sowohl im Einzelbilde als bei kinematographischer Beobachtung der Bewegung deutlicher erkennbar sind. Hingegen wird die Rotations-Bewegung markanter, wenn man auf eine geeignete Weise eine Steigerung des Blutdrucks und dadurch auch stärkere Actionen des linken Ventrikels hervorruft.

Von allen Fällen meiner Beobachtung hat in Bezug auf das Phänomen der Rotations-Bewegung ein freigelegtes, kräftig schlagendes Affen-Herz die prägnantesten Merkmale geboten.

Die Veränderungen traten in greifbarer Deutlichkeit hervor, als dem Versuchsthiere zum Zwecke eines von dem meinigen getrennten Versuches ein Blutdruck erhöhendes Agens durch die vena jugularis eingespritzt worden war. — Es ist gut, für die Beobachtung der Rotations-Bewegung in solchen Fällen den Septum-Wulst fest im Auge zu behalten, der den Fassungsraum des linken Ventrikels nach rechts und oben abschliesst.

Ich sah dann, dass die Rotations-Bewegung ohne Zweifel mehr umfasste, als das untere Ende des linken Ventrikels und den linken Seitenrand, dass sie aber immer stricte auf den linken Ventrikel begrenzt blieb. Sie war eine Art von Rollung der linken Kammer um eine schräg von links oben nach rechts unten gedachte Achse. Je stärker sich der linke Ventrikel contrahirte, desto energischer und ausgreifender war die Rotations-Bewegung; sie brachte die Punkte der Kammer, die während der Diastole links und aussen gelagert waren, vollständig nach rechts und vorne herüber. Die übrigen Punkte der Wände des linken Ventrikels machten je nach dem Verhältnisse ihrer Lage in der Diastole die Bewegung in gleicher Tendenz mit. Nebenher gingen die anderen systolischen Veränderungen.

Ich kann das Zustandekommen der Rotations-Bewegung durch Fixirung des Herzens in Systole nach der Methode von Hesse und Krehl auch für das Affenherz vollauf bestätigen.

Die Anordnung und die daraus abzuleitende Wirkungsweise der Muskelfasern des Herzens und speciell des linken Ventrikels kann uns das Zustandekommen der Rotations-Bewegung in genügendem Masse erklären.

So sagt z. B. Landois[1]: „Die Rollung rührt daher, dass die Faserzüge der Ventrikelmuskeln, welche von dem der Brustwand zugewendeten Theile des Faserringes an der Grenze des rechten Vorhofes und der Kammer entspringen, schräg von oben und rechts nach unten und links, zumtheil bis auf die Rückseite des linken Ventrikels verlaufen. Sie ziehen also in der Richtung ihres Verlaufes die Herzspitze etwas empor und die Rückseite etwas gegen die vordere Brustwand".

---

[1] Landois, Lehrbuch der Physiologie 1891, S. 92.

In allerjüngster Zeit neigt in seinem Werke „Die Physiologie des Kreislaufes" auch Tigerstedt der Ansicht zu, dass die spiralförmige Bewegung der Spitze wahrscheinlich durch die Anordnung der Herzmuskelfasern bedingt sei. Nach dem heutigen Stande der Literatur haben wir demnach die Ursache der Rotations-Bewegung in der Muskel-Anordnung der Herzwand zu suchen. Jene vielfach ausgesprochenen Ansichten, die dahin lauten, dass die Rotations-Bewegung auf Druckänderungen im Innern des Herzens zurückzuführen sei, sind mit Rücksicht auf genaue experimentelle Untersuchungen als widerlegt zu betrachten.

So erbringen Pettigrew[1]) und Rosenstein[2]) den Nachweis, dass auch nach Unterbindung aller ab- und zuführenden Blutgefässe mit Ausnahme der vena cava inferior die Rotations-Bewegung fortbestehe. Rosenstein fügt hinzu: „Selbst am ausgeschnittenen Herzen konnte die Rotations-Bewegung mittelst einer kleinen, in dasselbe eingestochenen Nadel constatirt werden.... Sie muss daher ihren Grund in der Anordnung der Muskelfasern finden."

„Gewiss ist für den Effekt der rotatorischen Bewegung, sowie der Richtung nach vorn nicht ausser Acht zu lassen, dass an dem nach vorn convexen, nach hinten abgeplatteten und nach der Basis zu abgestutzten Ventricular-Kegel die vorderen Fasern länger sind als die hinteren und bei ihrer Contraction daher die Richtung nach vorne begünstigt wird." (Pettigrew.) Die Kornitzer'sche Ansicht, die Rotations-Bewegung sei abhängig vom Zusammenhange des Herzens mit den grossen Gefässen und von deren spiraligem Verlaufe, erscheint bereits durch den Versuch Rosensteins widerlegt.

Ich möchte hier auch nochmals auf den Befund hinweisen, den ich im Capitel „die Total-Bewegung des Herzens" hervorhob, dass an der blossliegenden Aorta (des Hundes und des Affen) in normalen Fällen weder eine Drehung noch irgend eine andere Bewegung zu sehen ist. Vorhanden ist einzig und allein nur eine Zerrung und Erschütterung des Anfangsstückes der Aorta durch die nach abwärts gerichtete Contraction der vorderen Antheile der Herzbasis, die aber nur eine höchst geringe Dislocation

---

[1]) Pettigrew, Edinb. med. Journal 1874, p. 773.
[2]) Rosenstein, Deutsches Archiv f. klin. Med. XXIII, S. 75, 1878.

der Aortenwurzel nach abwärts zustande bringt und ganz ohne Zweifel ein **activer** von der Muskel-Contraction allein abhängiger Vorgang ist.

Der discutirten Frage könnte als hinreichende Entscheidung übrigens schon die Thatsache dienen, dass die Rotations-Bewegung nicht nur am ausgeschnittenen und auf eine feste Unterlage gelegten Herzen, sondern auch **am frei aufgehängten Herzen** zu beobachten ist.

Nach neueren Untersuchungen Oehls[1]) (am Froschherzen) kommen für die Rotation besonders die transversalen Fasersysteme in Betracht, während die Hebung des Spitzen-Antheiles auf die Wirkung der longitudinalen Fasersysteme zurückzuführen sei. Partielle Durchschneidungen der einen oder der anderen heben die entsprechende Bewegung auf.

In jüngster Zeit versucht es Damsch[2]), sämmtliche Bewegungs-Erscheinungen am menschlichen Herzen auf ein gemeinsames Princip zurückzuführen, „welches unter allen Umständen Geltung haben müsse, gleichgiltig, ob etwa daneben noch andere Einflüsse wirksam werden." Damsch hält wiederum die Annahme eines massgebenden Einflusses des Inhaltsdruckes innerhalb der Herzkammern auf die Form-Veränderungen des Herzens zutreffend und ist der Meinung, dass auch das Zustandekommen der Rotation eine Wirkung des Inhaltsdruckes auf die Kammerwandungen sei.

Ich kann, was aus dem bisher gesagten bereits hervorgeht, den Standpunkt von Damsch nicht theilen und führe als Stütze für meine gegentheilige Anschauung, die ja übrigens, wie wir gesehen haben, auch in den Berichten anderer Beobachter nachdrücklich Bestätigung findet, noch folgenden Versuch an, der für die Lehre von Damsch keineswegs günstig erscheint.

An einem nach der Methode von Langendorff künstlich durchbluteten Säugethier-Herzen sieht man unmittelbar nach dem Sistiren der Herzschläge und nach dem Beginn der Durchblutung kaum etwas mehr als eine geringe Streckung des Spitzen-Antheiles; von einer Rotations-Bewegung oder einer ihr ähnlichen Locomotion ist auch nicht die Spur vorhanden. Die Rotations-

---

[1]) Oehl, Sul movimento rotatorio del cuore. Gaz. méd. ital. lombard. 1881, No. 2.

[2]) Damsch, l. c.

Bewegung stellt sich erst dann wieder ein, wenn auch die durchaus normale Schlagart und Schlagfolge des wiederbelebten Herzens von Neuem begonnen und vollständig erst zu einer Zeit, in der das Herz sich wieder vollkommen erholt hat. Die schwächeren Schläge und unvollkommenen Contractionen eines solchen Herzens zeigen bloss die Aufrichtung der Herzspitze deutlich, die systolische Furche an der Vorderfläche nur schwach ausgesprochen, die Rotations-Bewegung eben angedeutet. Mit den kräftigen Herzcontractionen kehrt auch die typische Rotations-Bewegung wieder. Während der ganzen Dauer des Versuches — vom Anfange bis zum Ende — steht aber der Innendruck in der linken Kammer immer auf der gleichen, kaum nennenswerthen Höhe.

Am schlagendsten aber wird die Annahme, dass die Rotations-Bewegung des linken Ventrikels bloss eine Function der Herzmuskulatur sei, durch die Fixirung eines Herzens in der Systole im Sinne von Hesse und Krehl erwiesen. Selbst bei diesem Herzen, das sich nur gegen einen verschwindend kleinen Inhaltsdruck zu contrahiren hatte, (mein Versuchs-Object war, wie erwähnt u. a. auch ein Affen-Herz) praesentirt sich der linke Ventrikel in der typischesten Stellung des Höhepunktes seiner systolischen Rotation.

Ich möchte nunmehr, nachdem die Rotations-Bewegung und auch andere Punkte der systolischen Umformung des linken Ventrikels eingehender besprochen worden sind, noch einmal zu der Frage zurückkehren, warum die Drehung der linken Kammer, von vorne gesehen, als eine spiralige Bewegung erscheint. Manche der älteren Autoren stellten sich den Vorgang so vor, dass wenn bei der Systole gleichzeitig ein Herabrücken des Herzens und eine Drehung stattfindet, hieraus eine Schraubenlinie resultiren müsse. Die Unrichtigkeit dieser Annahme erst noch zu widerlegen, ist nach allem, was bisher gesagt wurde, überflüssig. Doch lässt sich der schraubenartige Charakter der Bewegung gewiss genetisch und zwar vollständig anders erklären.

Der ganze Bewegungs-Vorgang ist, genau betrachtet, für die höher und die tiefer gelegenen Partien des Spitzen-Antheiles verschieden. Die höher oben, dem oberen Stücke der vorderen Längsfurche entlang liegenden Theile, bewegen sich deutlicher nach oben und weniger deutlich nach rechts, die tieferen der

Herzspitze benachbarten Partien der Herzwand und die Herzspitze selbst stärker nach rechts und mit wenig gegen oben gerichteter Tendenz. In den bezeichneten Richtungen bewegen sich alle Punkte der vorderen Wand des linken Ventrikels gegen das Septum hin. Wir können den gesammten, bisher beschriebenen Vorgang aus der systolischen Formveränderung der vorderen Längsfurche ablesen, die mit dem Septum-Wulste parallel verläuft. Dieselbe stellt am diastolischen Herzen eine Linie dar, die in schwach nach oben convexem Bogen von links oben nach rechts unten zieht. Auf dem Höhepunkte der Systole ist sie viel stärker convex und hat einen oberen, gegen die Horizontale nur wenig geneigt, und einen unteren fast vertical verlaufenden Schenkel.

Es fällt nicht schwer, die Ursache dieser Erscheinung in dem Verlaufe der Muskelfasern des linken Ventrikels zu finden. Ihr Zustandekommen postulirt dann die Annahme eines Fixum als Angriffs-Stelle für die Wirkung der Herzmuskelfasern und diese Annahme lässt sich durch die kinematographische Beobachtung erhärten. Man sieht bei Anwendung dieser Methode leicht, dass das Ventricular-Septum gewissermassen den Ort darstellt, gegen welchen die Contraction des linken Ventrikels, die wir zunächst nur allein im Auge haben, stattfindet und zwar nicht gegen **einen** Punct des Septums, sondern von allen Theilen aus gegen die ganze Fläche der Scheidewand.

Die Scheidewand ist daher als ein Fixum zweiter Ordnung für die Wirkung der Herzmuskelfasern anzusehen. Als den unbeweglichsten Punct des Herzens, das Fixum erster Ordnung, haben wir bereits die Aufhängestelle an der Aorta kennen gelernt.

Es ist höchst bemerkenswert, dass C. Ludwig[1]) auf theoretischem Wege auch hierin bereits zu demselben Resultate gelangt ist. Ich kann seinen Schlussfolgerungen daher rückhaltlos beipflichten.

„Zu den festen Punkten zweiter Ordnung im Herzen, welche gegen ihre nächste Umgebung zwar unbeweglich, aber beweglich gegen andere Herz-

---

[1]) C. Ludwig, l. c., S. 202.

stellen sind, dürfen wir wohl mit Recht die Scheidewand zählen, weil sie den nach verschiedenen Richtungen gehenden Gegenwirkungen des rechten und linken Ventrikels ausgesetzt ist, und zugleich in den jedesmaligen, entsprechenden Querschnitten eine grössere Muskelmasse als die rechte und linke Kammerwand für sich zeigt."

Verfolgen wir nunmehr noch den Verlauf der oberflächlichen Faserschichten an einem, von dem visceralen Pericard entblössten, linken Ventrikel, dann treffen wir auf den wichtigen Befund, dass die untersten Fasern nur wenig gegen die Horizontale geneigt nach aufwärts, gegen den rechten Ventrikel hin, verlaufen, dass aber, je weiter wir nach oben kommen, ein desto grösserer Winkel von den Fasern und der Horizontalen gebildet wird, und dass die weiter nach aussen und links gelegenen Fasern fast rein vertical zu dem Septum-Wulste aufsteigen. Eine grosse Zahl dieser Fasern geht, wie bekannt, mit den tieferen Schichten der Herzmuskelfasern eine innige Verflechtung ein, ein Umstand, der nur noch dazu beitragen muss, die Wirkung der Contraction zu erhöhen. In den Fasern der mittleren Schichte finden wir ein dem Geschilderten analoges Verhalten. Sie convergiren in geringem Masse an der vorderen Scheidewand-Fläche gegen das obere Ende der Scheidewand.

Betrachten wir jetzt im lebenden, verlangsamten kinematographischen Bilde noch einmal den Vorgang der Rotations-Bewegung. Wir sehen sie als eine Bewegung des Spitzen-Antheiles, bei der alle Punkte desselben gegen den Septum-Wulst hingezogen werden und sich dabei über links, je nach ihrer diastolischen Lage, an den Rand oder nach vorne hervordrehen, während die auch in der Diastole bereits vorne gelegenen Punkte dem Septum-Wulste direct näherrücken. Die Verschiebungsgrösse steigt mit der Annäherung der Punkte an die Herzspitze. Die grösste Excursion und die stärkste Achsendrehung erfährt die Spitze. Der Mechanismus der Rotations-Bewegung allein kann uns die letztere Erscheinung jedoch noch immer nicht erklären. Für die Rotations-Bewegung ist ja, wie wir gehört haben, die ganze Fläche des Septums das Fixum und muss daher jeder Punkt des unteren Endes der Kammer die gleiche Verschiebung erleiden. Der Gesammt-Vorgang aber ist an eine mit und neben der Rotations-Bewegung einhergehende, pendelartige Bewegung des linken Ventrikels gebunden, deren Angelpunkt das obere Ende der Scheidewand bildet.

Es ist die durch C. Ludwig genau studierte Hebel-Bewegung des Herzens, deren Fixpunkt sonach mit dem Fixpunkt der Total-Bewegung des Herzens zusammenfällt.

Für den ganzen linken Ventrikel resultirt aus unserer bisherigen Betrachtung, dass die Rotations-Bewegung allein es ist, welche eine der wichtigsten, von Carl Ludwig[1]) zuerst hervorgehobenen, Formveränderungen des Herzens zuwege bringt. Sie allein bewirkt nämlich, dass die Spitzen-Basis-Achse des linken Ventrikels, welche während der Diastole einen nach links spitzen Winkel mit der Herzbasis einschliesst, während der Systole sich senkrecht zur Basis stellt. „Der linke Ventrikel wird hierdurch zu einem geraden Kegel mit kreisförmiger Basis und senkrechter Längenachse." „Der gerade Kegel mit kreisförmiger Grundfläche stellt von allen Kegelformen diejenige dar, welche bei gegebenem Inhalte die möglichst kleinste Oberfläche, beziehungsweise bei gegebener Oberfläche den grössten Inhalt besitzt." (Damsch.)[2])

Den Haupt-Theil der Rotations-Bewegung leitete Hesse[3]) in folgender Weise aus der Anordnung der Musculatur ab: „Wenn die Herzmusculatur die Kammern in lauter Zügen umkreiste, die parallel zur Basis verliefen, so würde eine Achsendrehung nicht eintreten. So umkreisen aber die Faserzüge das Herz in der Richtung nach abwärts und links. Da nun die Länge des Herzens nicht abnimmt, so bleibt von den Componenten des Zuges jeder Herzfaser die Horizontale in der Richtung der Basis übrig und diese dreht das Herz um die nicht rotirte Basis."

Wenn wir von der spiraligen Form der Bewegung absehen und unser Augenmerk nur auf die Rotation über vorne nach rechts richten, dann gewinnt die Ansicht von Hesse durch ihre Einfachheit eine geradezu überzeugende Form. Nur Eines darf nicht vergessen werden, dass die eine Praemisse, welche Hesse als feststehend annimmt und die durch seine Methode bewiesen schien, trotzdem sie den Gegenstand eines jahrhundertalten

---

[1]) C. Ludwig, l. c., S. 208.
[2]) Damsch, l. c., S. 34.
[3]) Hesse, l. c., S. 342.

Streites bildet, auch nach dem dermaligen Stande der Literatur noch immer nicht von allen als giltig anerkannt wird. Sie betrifft die Frage, ob sich der linke Ventrikel während der Systole verkürzt oder nicht und soll den Gegenstand eines besonderen Abschnittes bilden.

b) Die Hebel-Bewegung.

Während der Aufnahme der Bilder der Tafel I Fig. I und Tafel II Fig. I war das photographische Objectiv auf die Mitte des Herzens eingestellt. Die Photographien wurden wie gewöhnlich im Freien aufgenommen, die Lichtquelle (die Sonne) stand links und oberhalb vom Objecte. Das Thier war, sowie in der Mehrzahl der anderen Fälle mit dem Operations-Brette in vertikale Stellung gebracht worden.

Das Herz wirft unter solchen Verhältnissen nach den Regeln der Perspective auf seinen Hintergrund nach rechts hin und unten einen desto breiteren Schlagschatten auf, je weiter es sich von seiner Unterlage, beziehungsweise von seinem Hintergrunde während der einzelnen Phasen der Systole zu entfernen in der Lage ist.

Eine Änderung der Grösse und Form des Schlagschattens müsste aber, das gleiche Lage-Verhältnis des Objectes, des Apparates und der Lichtquelle vorausgesetzt, auch dann zustande kommen, wenn an der rechten Umrandung des Herzens allein Verschiedenheiten auftreten würden, sowie auch Unterschiede der Form des Herzens, zum Beispiel seine Wölbungs-Zunahme allein im concreten Falle, für die Breite und Form des Schlagschattens von Einfluss sein könnten. Nun wissen wir aber aus der vorausgegangenen Darstellung bereits, dass das Maximum der Wölbungs-Vermehrung des Herzens in die beiden ersten Phasen der Systole fällt, und dass sowohl der quere als auch der sagittale Durchmesser des Herzens im weiteren Verlaufe der Systole kleiner wird: dennoch aber tritt erst zu dieser Zeit die deutlichste Verbreiterung des das Herz nach rechts und unten umgebenden Schlagschattens und zwar ganz besonders deutlich nach unten auf.

Diese Verschiedenheit kann nun dadurch bedingt worden sein, dass sich der untere Herzrand während der Systole von seinem Hintergrunde abgehoben hat.

Auch diese Locomotion stellt eine der älteren Literatur zumtheile bekannte Bewegung dar, deren Bedeutung für das Zustandekommen des Herzstosses klar zu Tage tritt. Sie ist an jedem frei liegenden, kräftig schlagenden Herzen zweifellos zu beobachten und wird durch die kinematographische Methode vollauf bestätigt. Ich muss aber hierbei ausdrücklich erwähnen, dass alle Beschreibungen der Herz-Bewegung, welche lehren, dass sich das ganze Herz während der Systole von seinem Hintergrunde, beziehungsweise von seiner Unterlage abhebe, mit den thatsächlichen Verhältnissen im Widerspruche stehen. Nur der untere Rand des Herzens richtet sich auf, und er macht eine Orts-Veränderung mit. Die höher gelegenen Partien der Herzwand bleiben nach wie vor mit dem Herzbeutel in Contact. Da diese Bewegung an der Spitze am ausgreifendsten ist, pflegt man dann gewöhnlich zu sagen: Es richtet sich die Spitze auf. (Kürschner.)[1]

In den Exercitationes anatomicae de motu cordis von Harvey, Capitel 2 findet sich folgende Stelle:

„... in motu & eo quo (cor) movetur tempore tria prae ceteris animadvertenda: 1. quod erigatur cor et in mucronem se sursum elevet sic ut illo tempore ferire pectus & foris sentiri pulsatio possit" ...

Ich glaube, dass die Worte „in mucronem se sursum elevet" bisher von keinem Autor in dem Sinne übersetzt worden sind, den ihnen Harvey wohl ohne Zweifel beilegen wollte. So übersetzt zum Beispiel Tigerstedt:[2] „Das Herz hebt sich auf der Spitze in die Höhe u. s. w." Ohne auf andere Punkte der Schilderung Harveys einzugehen, möchte ich als eine den Intentionen ihres Autors gewiss entsprechende Übersetzung vorschlagen, zu sagen: Das Herz richtet sich auf und hebt sich seiner Spitze nach (in seine Spitze hinein) in die Höhe. Damit soll der wichtige Umstand hervorgehoben werden, dass die Spitze während der systolischen Bewegung des Herzens gleichsam das primum movens ist, das die Richtung der Bewegung der unteren Theile des linken und auch des rechten Ventrikels bestimmende Element.

Carl Ludwig[3] hat die Aufrichtung des Spitzen-Antheiles, die von ihm Hebel-Bewegung genannte Locomotion des Herzens, am genauesten studirt. An dieser Locomotion nehmen, wie

---

[1] l. c., S. 40.
[2] l. c., S. 4.
[3] l. c., S. 209.

leicht aus den Bildern der beigelegten Tafeln zu ersehen ist, das abwärtige Ende des linken und rechten Ventrikel in gleicher Weise Theil. C. Ludwig fasste diese Bewegung als eine Schwenkung des Herzens um seine Querachse auf. Am freiliegenden, vertical gestellten Herzen habe ich bei kinematographisch verlangsamter Bewegung ebenso wie bei directer Inspection des blossgelegten, schlagenden, vertical und horizontal gestellten Herzen alle einschlägigen Beschreibungen C. Ludwig's bestätigen gelernt.

Die Hebel-Bewegung des Herzens ist während der ganzen Dauer der Systole im zunehmenden Masse an den beiliegenden Einzelbildern erkennbar. Sie gehört gleich der Rotations-Bewegung zu den ausgiebigsten Bewegungen der linken Kammer und überdauert daher zeitlich die übrigen Bewegungs-Erscheinungen derselben.

An den Bildern der Tafel I Fig. III und IV ist die durch die Hebel-Bewegung bedingte Zunahme des Schlagschattens entlang dem unteren Herz-Contour und nur undeutlich vorhanden, da bei der Aufnahme dieses Herzens das Objectiv des Apparates tiefer und die Sonne dem Objecte gerade gegenüber stand.

Die Extensität der Hebel-Bewegung steht im geraden Verhältnisse zu der Contractions-Kraft des linken Ventrikels. Mit der Erlahmung der Kraft der linken Kammer sistirt die Hebel-Bewegung. Sie ist auch an Säugethier-Herzen zu erkennen, welche nach der Methode von Langendorff durchblutet werden. Doch ist die Kenntnis der Thatsache wichtig, dass eine ihr ähnliche Bewegung (Aufrichtung) des Spitzen-Antheiles des Herzens zu beobachten ist, wenn man in die Aorta des todten Organes auch nur mit mässigem Drucke eine Flüssigkeit hineinpresst.

C. Ludwig erkannte die Art der Abhängigkeit der Excursions-Grösse der Hebel-Bewegung von dem Lagerungs-Verhältnisse des Herzens. Er wies nach, dass die Hebel-Bewegung um so entschiedener auftritt, je grösser der nach der Spitze zugekehrte Winkel ist, den die Basis des Herzens mit der Unterlage bildet. „Legt man das dem Körper entnommene Herz so, dass Basis und Unterlage einen rechten Winkel bilden, so erhebt sich die Herzspitze nur bis ungefähr zum halben Niveau der Basis. Sie erhebt sich dagegen um so weiter über das Niveau der Basis, je grösser der bezeichnete Winkel wird, um in beiden

Fällen eine senkrechte Stellung gegen die Basis einzunehmen. Je schlaffer das Herz in der Pause ist, um so auffallender erscheint im letzten Falle die Erhebung."

Die senkrechte Einstellung der Herzspitze auf die Mitte der Basis erfolgt jedoch erst dadurch, dass sich der Hebel-Bewegung die Rotations-Bewegung beigesellt.

Ist das Herz nach Eröffnung des Herzbeutels und nach Anheftung der Ränder desselben an die Wand des Brustkastens horizontal gelagert, dann erfolgt die Hebel-Bewegung mit viel mächtigerem Ausschlage, als wenn das Herz sich in verticaler Stellung befindet, wo es keinen anderen Stütz-Punkt besitzt, als die Aufhänge-Stelle an den grossen Gefässen. Diese Beobachtung ist auch zur Erklärung des Unterschiedes der Bewegung des horizontal und des vertical gestellten Herzens heran zu ziehen, worauf im Capitel „die Total-Bewegung des Herzens" aufmerksam gemacht wurde.

Der Hebel-Bewegung gesellen sich in der bereits ausgeführten Art und Weise die anderen speciellen Form-Veränderungen und Orts-Veränderungen der linken Kammer bei. **Die Hebel-Bewegung ist die dominirende Bewegung des linken Ventrikels (beziehungsweise des Spitzen-Antheiles). Die Wölbungs-Zunahme, die Bildung des systolischen Herzbuckels und der systolischen Furche, die Verschmälerung und die Rotations-Bewegung sind die sie begleitenden, äusseren Merkmale der Systole des linken Ventrikels.**

Die Länge des Herzens und seiner Ventrikel während Diastole und Systole.

Die kinematographischen Einzelbilder bieten als Kriterien zur Beurtheilung der Längen-Unterschiede des diastolischen und systolischen Herzens mehrere Controlpunkte dar. Dieselben erlauben die Messung des linken Ventrikels, (die Abnahme seines queren Durchmessers und die Zunahme seines Tiefen-Durchmessers während der Systole wurden bereits besprochen), der Länge und der Breite des rechten Ventrikels.

Als oberer Grenzpunkt konnte bei sämmtlichen Messungen am rechten Ventrikel die Mitte seines oberen Begrenzungs-Randes gewählt werden; doch ist hierbei nicht die Möglichkeit einer Täuschung zu übersehen, die dadurch bedingt wird, dass der sich wölbende, systolische, rechte Ventrikel seinen oberen Contour abrundet, der dadurch im Bilde herauszutreten scheint. Die Verhältnisse am rechten Ventrikel sind aber so klar und sinnfällig, dass der erwähnte Umstand nur von untergeordneter Bedeutung sein kann. Eine auf diese Weise entstehende Möglichkeit von Irrungen wird übrigens ausser Kraft gesetzt, wenn man als zweiten Controlpunkt für das obere Ende des rechten Ventrikels den Mittelpunkt der Grenz-Linie zwischen Conus arteriosus und der Arteria pulmonalis wählt. Durch Messung der Entfernung dieses Punktes von dem unteren Ende der vorderen Längsfurche wurde die jeweilige Länge der rechten Kammer gleichfalls bestimmt.

Zur Messung der Längen des linken Ventrikels können folgende Punkte herangezogen werden: Der am weitesten nach links und abwärts gelegene Punkt des Herzens und der „Fixpunkt erster Ordnung der Herzmuskel-Fasern", das obere Septum-Ende, beziehungsweise die Aufhänge-Stelle des Herzens an der Aorta.

Von beweisendem Werte sind diese Messungen für den linken Ventrikel nur dann, wenn Fehlerquellen, die durch eine perspectivische Verkürzung des Herzens bedingt sein können, von vorneherein ausgeschlossen sind. Dies trifft vollständig nur für die Bilder der Tafel I Fig. I und Tafel II Fig. I, II zu, bei deren Aufnahme das photographische Objectiv auf die Mitte des Herzens eingestellt war. Ich benütze die Bilder bei der Beurtheilung dieser Fragen übrigens nur als helfende Factoren und habe mich viel mehr auf meine Erfahrungen am belebten und verlangsamten, kinematographischen Bilde und auf meine am schlagenden Herzen selbst gesammelten Befunde gestützt.

Die Frage, ob sich das Herz während der Systole verkürze oder nicht, ist der Gegenstand eines ein Jahrhundert alten Streites gewesen, der mit Sicherheit eigentlich auch heute noch nicht erledigt ist.

Die Ansichten, welche für eine Verlängerung des Herzens unter normalen Verhältnissen während der Systole eintreten, sind wohl kaum noch in Betracht zu ziehen.

Wie heftig jener Streit war, ob das Herz während seiner Bewegung kürzer, oder wie einige annahmen, nicht sogar länger werde, das lässt sich am besten durch die Anführung einer Stelle aus dem Werke Senacs: „Traité de la structure du coeur, de son action et de ses maladies" documentiren. Dieselbe lautet: „La question dont il s'agit a été agitée à Montpellièr; elle partage deux prétendans à une chaire; leurs expériences ni leurs raisonnements ne purent fixer les esprits; ce qui paroissoit établi par la théorie sembloit renversé par les faits, chacun appuyoit son opinion sur l'autorité des plus grands maîtres qui n'avoient pû réunir leurs idées sur ce sujet de dispute; enfin la contestation fut portée au tribunal de l'Académie des Sciences. La même contradiction des observations et des observateurs partagea les esprits, ou les tent en suspens lorsqu'on tenta de diverses experiences. M. Hunaud que l'on chargea d'examiner les diverses dimensions du coeur dans ses mouvements rassembla les observations, ou les opinions des Anatomistes les plus célèbres; Harvée, Lower, Sténon, Vieussens, étoient pour le raccourcissement du coeur; Schelingius, Borelli et quelques autres étoient pour l'allongement de cet organe. M. Winslow avoit paru se déclarer pour leur sentiment, il place parmi les opinions erronnées celle, qui établit que le coeur doit se racourcir pendant la contraction.

Mais pour ne pas décider la question par l'autorité qui est souvent un garant peu sûr, on en appella à l'experience. M. Hunaud ouvrit divers animaux vivants, sçavoir, des chats, des chiens, des pigeons, des lapins, des carpes, des grenouilles, des vipres; il exposa aux yeux de l'Académie le sujet de tant de contestation; l'inspection qui sembloit devoir les terminer, ne décida pas la question".

Zu gleicher Zeit versuchte Queye, die Frage durch Beobachtungen am Schildkröten-Herzen zu lösen, die „horribile dictu" durchs Mikroskop festgestellt sein sollten. Im Streite der Academien von Montpellier und Paris siegten schliesslich die Pariser, indem Bassuel zeigte, dass die venöse Klappe nicht geschlossen werden könnte, wenn man eine Verlängerung in der Systole annehmen wolle[1]).

In unserem Jahrhunderte fand Ludwig[2]) durch Messungen am Katzenherzen in situ, dass das Herz sich in der Richtung von der Basis nach der Spitze verkürze. In späterer Zeit bestätigten Haycraft[3]) und Brücke[4]) die Befunde Ludwigs in der Weise, dass sie bei Katzen und Kaninchen die Unterschiede in der Entfernung zweier in der Herzbasis und in der Herzspitze steckender Nadeln, die sie durch die Brustwand in das Herz eingeführt hatten, massen.

Durch ihre Messungen mit dem Myocardiographen gelangten in jüngster Zeit auch Roy[5]) und Adami zu dem gleichen Resultate. Sie fanden, dass zwei in einer der inter-ventricularen Furche parallelen Linie liegende Punkte sich bei der Kammersystole einander näherten.

Sämmtlichen, bisher angeführten Befunden und vielen Angaben anderer Autoren, deren Anführung ich unterlassen will, steht die Angabe von Hesse entgegen. Hesse machte von den unter einem Drucke von etwa 150 mm Blut gefüllten Kammern eines eben aus dem Körper herausgeschnittenen, noch reizbaren Hundeherzens einen Gypsabguss. Dann rief er durch Eintauchen des entleerten Herzens in eine auf 50° C. erwärmte, gesättigte Lösung von doppeltchromsaurem Kali eine maximale Contraction hervor. Die Muskeln zogen sich dabei ohne irgend einen Widerstand zusammen. Vorher hatte er durch zweckmässig angebrachte Nadeln die verschiedenen Theile der Kammern erkenntlich gemacht. Der grösseren Handlichkeit wegen wurde dann jedesmal auch von dem contrahirten Herzen noch ein Gypsabguss hergestellt und die vergleichenden Messungen an den beiden zusammenhängenden Abgüssen vorgenommen.

Hesse fand, dass beide Kammern eine Abnahme des sagittalen und des transversalen Durchmessers zeigten. Dagegen verkürzte sich nur die rechte Kammer der Länge nach, während die linke Kammer keine Verminderung ihrer Länge darbot. Den Ausführungen von Hesse stimmt Krehl vollständig bei. Er

---

[1]) cit. nach Kürschner in Wagner „Handwörterbuch der Physiologie" S. 37.
[2]) l. c., S. 203.
[3]) Haycraft, Journ. of phys. 12, S. 452, 1891.
[4]) Brücke, Sitzungsb. d. kais. Acad. d. Wiss. 14, S. 348, 1855.
[5]) Roy und Adami, The Practitioner, 1890, I., S. 82.

wies darauf hin, dass die Theilung der Muskelfasern in vorwiegend längs und vorwiegend quer verlaufende, deren erstere sehnig enden, während die letzteren in sich selbst zurücklaufen, die Anwesenheit eines besonderen Triebwerkzeugs anzeigt, welches durch den mittleren Kegel dargestellt wird. Es ist ersichtlich, dass dessen Fasern vorwiegend die Entleerung des linken Herzens bewirken müssen. Wären sie allein da, so müsste sich die linke Kammer bei der Systole verlängern. Diese Verlängerung, welche bei blosser Zusammenziehung der rein horizontal verlaufenden Fasern eintreten würde, wird verhindert einmal durch die vielen schrägen Fasern, die im Triebwerkzeuge verlaufen, und dann durch die inneren und äusseren Fasern, welche die Mittelschichte klammerartig umgeben. Die letzteren würden an sich bei ihrer Contraction eine Verkürzung der linken Kammer zur Folge haben; diese Verkürzung ihrerseits wird verhindert dadurch, dass die Quermuskeln (das Triebwerkzeug) zwischen innere und äussere Schichten eingelagert sind. Wenn also beide Systeme von Muskelfasern sich bei der Zusammenziehung die Wage halten, so muss der linke Ventrikel während der Systole nur im Querdurchmesser verkleinert werden, die Längsachse muss im Wesentlichen unverändert bleiben. Diese Verhältnisse sind von Hesse und Krehl nur für das Hundeherz klargelegt worden; doch hat v. Frey auf dem X. internationalen Congresse in Berlin im Jahre 1890 ein in systolischer Stellung fixirtes, menschliches Herz gezeigt und in Uebereinstimmung mit Krehl darauf hingewiesen, dass die Verhältnisse beim menschlichen Herzen, von geringen untergeordneten Unterschieden abgesehen, ebenso seien, wie beim Hunde. Ich kann nun den gleichen Befund für das Affenherz geltend machen.

Einige Gründe, welche den Beweiswert der Versuche von Hesse und der Annahme von Krehl in mancher Hinsicht anfechten, habe ich in dem einleitenden Capitel dieser Arbeit angeführt. Dieselben bezogen sich darauf, dass die Widerstände, denen das im Kreislaufe thätige Herz unterliegt, bei der systolischen Fixation durch blosses Einlegen des Organs in eine auf 50° C. erwärmte Lösung von doppeltchromsaurem Kali vollständig oder fast vollständig wegfallen. Es wurde auch auf den Umstand hingewiesen, den bereits Tigerstedt[1] hervorgehoben hat, dass sich die Kammern

---

[1] Tigerstedt l. c., S. 73.

im Hesse'schen Versuche bis zum grössten erreichbaren Maximum zusammenzogen, was bei der Contraction im normalen Kreislaufe gewiss nicht der Fall ist. Unter den Angaben Hesses ist auch jene zu corrigiren, welche behauptet, dass die diastolischen Ventrikel einer Halbkugel gleichen. Dies trifft, wie wir hören werden, nur für ein diastolisch übermässig ausgedehntes Herz zu und entspricht beiläufig der Form des Herzens bei verlangsamtem Rythmus, wie es z. B. bei centraler Vagusreizung (Erstickung) der Fall ist.

Alle erwähnten Gegengründe können, wie ich glaube, jedoch nur für gewisse Theilfactoren der Herz-Umformung in Betracht kommen, so z. B., wenn es sich um die Feststellung der normalen Zwischenformen, um die Bestimmung der Resultirenden der Contraction des gesammten Herzens und um die Zulässigkeit der Annahme handelt, dass sich bei der systolischen Contraction jede einzelne Herzfaser um den gleichen Bruchtheil ihrer Länge zusammenzieht. Zudem erheben Hesse und auch Krehl nur Anspruch darauf, die Grenzstellungen der Systole und der Diastole fixirt zu haben. Insoferne es sich aber um die Bestimmung der Längenachsen des diastolischen und systolischen Herzens handelt, scheinen mir die Versuche von Hesse und Krehl von geradezu beweisendem Werte zu sein. Sie fixiren ja nicht nur die relativen Entfernungen der Endpunkte der Diameter, sie trieben — könnte man sagen — die eintretenden Verkürzungen bis zu einem Masse, das intra vitam gewiss nicht eintreten kann, da sich das lebende Herz niemals vollständig entleert. Und dennoch fanden sie keine Abnahme des Längsdurchmessers der linken Kammer.

Den Angaben Hesses, die allen übrigen neueren Anschauungen vollständig widerstreiten, tritt in neuester Zeit auch Tigerstedt[1]) entgegen. Ich habe die Hesse'schen Versuche der Vorschrift gemäss wiederholt und fand an dem in ihrem Sinne systolisch fixirten Herzen zahlreiche meinen kinematographischen Befunden entsprechende Analogien, auf die ich im gegebenen Falle aufmerksam gemacht habe, womit die Annahme, dass das Hesse'sche systolisch fixirte Herz in vielen Punkten der wirklichen Herz-Systole zumindest sehr nahekomme, mir genügend bewiesen erscheint.

---

[1]) Tigerstedt l. c. S. 73.

Die Angabe von der Unveränderlichkeit der Länge des linken Ventrikels während der Systole und Diastole muss ich nun nach der Bestätigung durch die kinematographische Methode vollauf aufrecht erhalten. Ich glaube auch die Erklärung des Widerspruches geben zu können, der die Angaben Hesses und Krehls von den einschlägigen Befunden anderer Autoren scheidet.

Sie ist, wie ich glauben möchte, darin zu suchen, **dass zwei Marken, welche zur Bestimmung der Länge des linken Ventrikels, die eine an seiner Basis, die andere in der Nähe der Herzspitze angebracht werden, niemals über das thatsächliche Verhältnis dieser Länge Aufschluss zu geben vermögen, weil die Lage der Längsachse des linken Ventrikels in Bezug auf diese Marken, während der Systole und während der Diastole eine verschiedene ist.** Die Ursache dieser Achsen-Verlagerung ist die Rotationsbewegung, von der ausgesagt wurde, dass durch sie während der Systole die Herzspitze auf die Mitte der Herzbasis eingestellt werde. Demzufolge bilden die Längsachsen des linken und des rechten Ventrikels während der Systole einen viel spitzeren Winkel als während der Diastole, was ebenfalls in völlig zweifelloser Weise an Herzen nachzuweisen ist, die nach den Angaben von Hesse behandelt wurden.

Es hat den Anschein, als intendire der linke Ventrikel, sich mit seiner Längs-Achse während der Systole parallel zur Längs-Achse des rechten einzustellen.

Die absolute Länge seiner Spitzen-Basis-Achse, beziehungsweise der Entfernung seiner Basis von seinem unteren Ende ist unverändert geblieben; **dadurch aber, dass der linke Ventrikel in die Längsachse des Herzens während der Systole nicht mit seiner Längsseite, sondern mehr mit seiner Schmalseite eintritt, die sich zudem auch ihrerseits während der Systole verkürzt, ist das Ergebnis der früheren Messungen der Herzlängen durch fix stehende Marken zu erklären und hierin scheint der hauptsächlichste Grund jener Widersprüche zu liegen.**

Nun geht es andererseits auch an, das Zustandekommen der Rotations-Bewegung so zu erklären, wie es Hesse gethan hat: „Die Faserzüge umkreisen das Herz in der Richtung nach abwärts und links. Da nun die Länge des Herzens nicht abnimmt, so bleibt von den Componenten des Zuges jeder Herzfaser die Horizontale in der Richtung der Basis übrig und diese dreht das Herz um die nicht rotirte Basis."

Es wurde angeführt, dass die Bildung des systolischen Herzbuckels im Vereine mit der Ausprägung der systolischen Furche den Eindruck einer hakenförmigen Krümmung des Spitzen-Antheiles hervorbringe und so auch von Haller aufgefasst worden sei. Hierdurch sollte auch die systolische Verkürzung des Herzens sich erklären lassen: „apex quidem .... ad basin se quasi replicat, atque adeo cor brevius redditur".

Wir haben die Entwicklung dieser Umformung bereits kennen gelernt und wissen, dass sie anders zu deuten sei. Die Lageveränderung der Herzspitze oder mit anderen Worten die Bildung des systolischen Herzbuckels ist nichts anderes als eine Variation des Lage-Verhältnisses der Herzspitze zu den übrigen Theilen der linken Kammer und wird durch Heranziehung anderer Wandtheile an die Stelle der Herzspitze ausgeglichen. Misst man nun einerseits die Entfernung der Herzspitze der Diastole von der Mitte der Herzbasis und andererseits die Entfernung des systolischen Herzbuckels von dem gleichen Punkte, dann findet man allerdings naturgemäss abermals eine kleinere Distanz der an zweiter Stelle genannten Herztheile.

Die Entfernung des untersten Endes der linken Kammer von dem oberen Grenzpunkte ist jedoch nach wie vor unverändert geblieben. Die scheinbare Annäherung der Herzspitze an die vordere Längsfurche ist zudem, auch für sich betrachtet, zumtheile eine Folge der Achsendrehung, der Rotations-Bewegung, und ist daher auf keinen Fall als Ausdruck einer eingetretenen Verkürzung des linken Ventrikels aufzufassen.

So bleibt denn, wie ich glauben möchte, die Annahme Hesses und Krehls zurecht bestehen, dass die Länge des linken Ventrikels von geringen Schwankungen, die in den Bereich der Fehlergrösse unserer Mess-Versuche fallen, abgesehen, während Systole und Diastole de norma unveränderlich sei.

Die systolische Längen-Abnahme des Herzens, im ganzen genommen, wird einerseits durch die während der Systole geänderte Stellung des linken Ventrikels im Verhältnisse zum rechten bewirkt; sie ist andererseits und noch in höherem Masse Folge der Abnahme der Conus- Wölbung während der Systole und ihrer Zunahme während der Diastole.

Die Systole des rechten Ventrikels.

Der physiologischen Bewegung und Umformung des rechten Ventrikels ist in den bisherigen Beschreibungen und Beobachtungen andeutungsweise oft, eingehend niemals Rechnung getragen worden. Und dennoch sind die Verhältnisse an der rechten Kammer sowohl für die Physiologie des Herzens als auch für die Klinik von grosser Bedeutung. Die Vernachlässigung dieses Theilfaktors der Herzaction findet ihren Hauptgrund wohl in dem Umstande, dass der rechte Ventrikel als ein anatomisches Anhängsel der linken Kammer angesehen wird, dessen Veränderungen im grossen und ganzen an diejenigen der linken gebunden, diesen coordinirt und von diesen allein abhängig sind. Die Erfahrung lehrt aber, dass der rechten Kammer eine grosse Reihe von Bewegungs-Erscheinungen zukommt, die nur ihr allein angehören, und welche durch ihren eigenen Bau bedingt werden.

Bevor ich mich der näheren Ausführung dieses Theiles der Herzaction zuwende, müsste ich, was zum Verständnisse der zu schildernden Bewegung nothwendig erscheint, auf den anatomischen Aufbau des rechten Ventrikels recurriren. Derselbe ist in der bereits mehrfach erwähnten und auf einer Reihe von älteren Erfahrungs-Thatsachen fussenden Arbeit von Krehl ausführlich dargestellt und wurde von da durch Tigerstedt in sein Lehrbuch der Physiologie des Kreislaufes aufgenommen.

Ich kann mich daher auf einzelne, im speciellen Falle einzutragende Hinweise beschränken.

Wenn man, sagt Hesse, am rechten Ventrikel Marken in der Art angebracht hat, dass die einen an seinem oberen Rande (rechte Atrioventriculargrenze), die anderen an seinem unteren

Rande (vordere Längsfurche) und die dritten zwischen diesen beiden, längs der Höhe seiner Wölbung sitzen, so lässt sich aus der Veränderung der Lage dieser Punkte der Vorgang bei der Contraction des rechten Ventrikels klar erkennen:

Es sind nämlich an dem contrahirten Herzen die Marken in der Längsrichtung des rechten Ventrikels (von der hinteren Längsfurche zur Pulmonal-Arterie hin) einander näher gerückt; es sind ferner die Bogenlinien, welche quer über das rechte Herz gehen, von Punkten der Ringfurche zu solchen der vorderen Längsfurche und endlich die directen Abstände dieser Punkte kürzer geworden. Das heisst, die Raumverminderung des rechten Ventrikels setzt sich aus drei Momenten zusammen: 1) Verkürzung der Länge, 2) Abflachung der gewölbten Aussenwand, 3) Verschmälerung (Annäherung des oberen Randes an den unteren). Die Abweichung, die der erste dieser drei Momente in dem Verhalten des rechten und linken Ventrikels erkennen lässt, erklärt sich daraus, dass der rechte Ventrikel an den linken so angefügt ist, dass seine Längsachse sich einem Querdurchmesser des linken Herzens schon sehr beträchtlich nähert, also einer Linie, die auch dort die stärkste systolische Abnahme erfährt.

Über die Ebene, welche durch die beiden venösen Öffnungen gelegt werden kann, ragt (während der Diastole) der Conus arteriosus in der Richtung nach den Arterien hin merklich hinaus. In der Systole ist die Hervorwölbung, welche dem Conus arteriosus über die Ebene der venösen Öffnung zukam, beträchtlich vermindert[1]."

Als Ergänzung dieser Angaben sei noch die Beschreibung von Krehl angeführt: Die Formveränderung der rechten Kammer wird, nach den anatomischen Verhältnissen zu urtheilen, in der Weise zustande gebracht, dass die Fasern der Aussenschicht, welche der rechten und linken Kammer gemeinsam sind, bei ihrer Verkürzung jene an letztere heranziehen und also den sagittalen und transversalen Durchmesser verkleinern. Die Trabekeln verkürzen durch ihre Zusammenziehung die Spitzen-Basis-Achse der Kammer, legen sich durch die Contraction ihrer Querleisten aneinander und verdicken die äussere Wand. Der Conus

---

[1] Die Anbringung der Marken geschah bei den Versuchen Hesses nach der auf Seite 84 erwähnten Methode und diente zum Vergleiche der Formen des diastolisch und des systolisch fixirten Organes.

arteriosus muss durch die Zusammenziehung seiner Längsfasern verkürzt, durch die der Querfasern aber verengt werden. In der That sieht man am lebenden Herzen die diastolische Wölbung des Kegels bei jeder Systole verschwinden und seine Längenachse sich beträchtlich verkleinern. Die zahlreichen Muskelbalken, welche quer durch die Kammerhöhle hindurch gehen, werden, sobald sie sich bei wachsender Füllung spannen, die fortschreitende Entfernung der Aussenwand von der Scheidewand wirksam verhindern."

Diesen, den grössten Theil der bisherigen Kenntnisse von dem Mechanismus der Contraction des rechten Ventrikels umfassenden Beschreibungen, habe ich nach meinen eigenen Erfahrungen nunmehr einiges Weitere hinzuzufügen.

Wenn man ein im normalen Kreislaufe befindliches Herz so mit Marken versieht, wie ich es bereits angegeben habe, dass die eine im rechten, oberen, vorderen Ende der Atrioventricular-Grenze, die zweite in der Grenzlinie zwischen Conus arteriosus und arteria pulmonalis, die dritte in der Herzspitze steckt, dann findet man, dass während der Systole des Herzens sämmtliche Marken einander näherrücken. Der Schnittpunkt der Linien, in welchen sie sich bewegen, liegt am oberen Ende der Kammerscheidewand.

Die linke Kammer, deren Umformung bereits erörtert wurde, nunmehr ausser Acht lassend, lehrt die durch die Anbringung der Knöpfchen im Herzmuskel unterstützte Inspection der rechten Kammer zunächst die Bestätigung der Angaben der Autoren: Von allen Seiten her strebt der rechte Ventrikel mit allen Punkten seiner Wände in convergirenden Richtungen einem in seinem Innern gelegenen Punkte zu, der wie schon dargelegt wurde, in dem oberen Ende der Scheidewand zu suchen ist.

Die kinematographischen Bilder zeigen, dass die Form des rechten Ventrikels, die während der Diastole einem Kegelstumpfe mit nach abwärts gerichteter Basis entspricht, zur Zeit der Systole ellipsoidähnlich (fast cylindrisch) wird.

Der Vorsprung, mit welchem der Conus arteriosus des diastolischen Herzens über das oberste Septum-Ende hinausragt, schwindet während des Überganges zur Systole allmählich.

Am diastolischen Herzen ist der Conus-Theil des rechten Ventrikels von den anderen Theilen der rechten Kammer durch eine schwache Einkerbung geschieden, der obere Herzrand eine

Bogenlinie mit schwacher, nach aufwärts ausgesprochener Concavität. Auf der Höhe der Systole ist die Atrioventricular-Grenze nach oben convex, der obere Begrenzungs-Rand des Conus liegt in einer Flucht mit dem oberen Herzrande, der Längen-Durchmesser des Conus ist hochgradig reducirt. Während der Diastole ist der Conus auch entlang dem linken Herzrande von den tieferen Theilen der Kammer durch eine Einkerbung geschieden. Auch dieser Contour rundet sich während der Systole nach aussenhin (links) ab.

Die Länge von Linien, welche von der Atrioventricular-Grenze einander parallel zur vorderen Längsfurche gezogen werden, nehmen während der Systole ab, während der Diastole zu, d. h. die rechte Kammer verschmälert sich während der Systole in deutlicher Weise. Dabei ist conform den Angaben Hesses zu beobachten, dass die Annäherung des oberen Randes an den unteren (der Punkte der Ringfurche an solche der vorderen Längsfurche) allenthalben eintritt, und dass daher die Verschmälerung der rechten Kammer in allen Punkten ihrer Längsachse zu finden ist. Der Conus-Theil nimmt hierin nur insoferne eine Ausnahms-Stellung ein, als das Mass der Zu- und Abnahme bei ihm ein grösseres ist.

Aus dem Studium des Faser-Verlaufes im Herzen wird uns zur Genüge klar, dass eine Componente der Umformung des rechten Ventrikels, seine systolische Verschmälerung, durch die Muskelbündel bewirkt wird, welche der Hauptrichtung der gemeinsamen Herzfasern folgend, für den rechten Ventrikel einen mehr queren zur Achse gerichteten Verlauf haben. Sie concentriren sich am linken Ventrikel (S. früher) an der Spitze, beugen sich daselbst in die Höhle hinein und hängen dort mit den innersten, an der Höhle des linken Ventrikels gelegenen Fasern zusammen, welche gleichfalls mehr der Länge nach verlaufen. Durch die Contraction dieser, beiden Kammern gemeinschaftlichen Muskelzüge, welche zudem am linken Ventrikel mit den mächtigen, mittleren Faserschichten in Verbindung treten, werden alle Theile der rechten Kammer während der Systole an die linke herangezogen, der Scheidewand genähert.

„Dieses Verhalten wird klar durch die Betrachtung der gegenseitigen Lagerung beider Herzhöhlen; auf einem zur Längenachse des Herzens senkrechten Querschnitt erscheint nämlich die rechte um die linke herumgekrümmt. (C. Ludwig.)[1]) Die auf der zur rechten Herzhöhle zugewendeten Scheidewandfläche verlaufenden Fasern verhalten sich aber zum linken Herzen wie diejenigen, welche auf der Herzoberfläche verlaufen."

Die Verkürzung der Länge der Spitzen-Basis-Achse des rechten Ventrikels ist evident und durch den Vergleich der Entfernung der Grenz-Linie zwischen Conus arteriosus und Arteria pulmonalis von dem untersten Ende der vorderen Längsfurche zur Genüge klar zu stellen.

Den Haupt-Antheil an der Variation dieser Distanz hat der während der Herzaction auf- und niederwogende Conus, dessen Wölbung nach oben, wie bereits erwähnt, während der Systole beträchtlich abnimmt. **Ein völliges Verstreichen dieser Wölbung so wie an einem nach der Methode von Hesse und Krehl systolisch fixirten Herzen findet jedoch intra vitam niemals statt. Die Conus-Wölbung ist auch noch auf dem Höhepunkte der Systole erkennbar.**

Misst man die Länge des rechten Ventrikels von seinem unteren Rande bis zur Ebene seines venösen Ostium, dann ist auch für diese Strecke allein eine Abnahme in der Systole zu constatiren. **Die Verkleinerung der Spitzen-Basis-Achse der rechten Kammer während der Systole und ihre Zunahme während der Diastole sind daher nicht allein auf Rechnung des Wechsels der Conus-Länge zu setzen.**

Für den letzteren gilt nach der Darlegung Krehl's: „Der Conus arteriosus muss durch die Zusammenziehung seiner Längsfasern verkürzt, durch die der Querfasern verengt werden."

Wie der linke Ventrikel, so erfährt auch der rechte in den ersten Zeiten der Systole eine Wölbungs-Zunahme seiner vorderen Wand. Dieser Vorgang ist schon bei einfacher Inspection des blossgelegten Herzens (Hunde- und Affen-Herzens) zu erkennen.

Die vordere Wand des diastolischen rechten Ventrikels trägt ungefähr in der Mitte zwischen der Ringfurche und der vorderen Längsfurche, beiden annähernd parallel, eine tiefe Rinne, welche bei jeder Systole schwindet und einer Vorwölbung Platz

---

[1]) C. Ludwig, Lehrbuch d. Physiologie, S. 80.

macht. Die letztere ist an der nämlichen Stelle, d. h. dem ganzen Verlaufe des Septum-Wulstes entsprechend, bemerkbar.

Der Wechsel des Reliefs der Vorderfläche des rechten Ventrikels, des Auftretens der Furche in der Diastole, der Vorwölbung in der Systole ist noch besser bei Verlangsamung des Herzschlages zu constatiren, was bekanntlich durch Aussetzen der Athmung leicht bewirkt werden kann. Einer auf diese Weise retardirten Herzaction entsprechen die Bilder der Tafel I Fig. II. Der Stillstand der Athmung ist in ihnen aus der Unveränderlichkeit des in das Bild von oben her hereinragenden Lungenstückes zu erkennen.

Wir sehen nun, dass an der nämlichen (beschriebenen) Stelle, über der in der Diastole tiefer Schatten liegt, während der Systole zahlreiche helle Lichtreflexe auftauchen.

Der ganze Vorgang ist jedoch schon bei einfacher Inspection so klar und augenfällig, dass es zu seiner Erkennung nicht einmal der Heranziehung der kinematographischen Bilder bedarf. Die systolisch sich vorwölbenden Theile des rechten Ventrikels grenzen die auf Seite 59 und 60 eingehend besprochene Furche, die sich während der Systole zwischen rechter und linker Kammer etablirt, von den obersten Theilen der rechten Kammer ab.

Die Wölbung der anderen, höher oben gelegenen Theile an der Vorderfläche des rechten Ventrikels ist in den beiden ersten Phasen der Systole am deutlichsten ausgesprochen. **Mit der Zunahme der systolischen Volums-Verminderung wird die vordere Wand dann wieder platter; gerade zu dieser Zeit ragt der Septum-Wulst am deutlichsten über das Niveau der übrigen Wandpartien heraus.**

Ist die Athmung längere Zeit ausgesetzt gewesen, diastolischer Herz-Stillstand und eine Blähung des rechten Ventrikels eingetreten, dann ist von der diastolischen Furche an seiner Vorderfläche nichts mehr zu sehen. Sie stellt sich erst wieder ein, wenn innerhalb des normalen oder verlangsamten Herz-Rhythmus von neuem normale Diastolen zustande kommen. Ich möchte glauben, dass die Fixirung des Herzens in diastolischem Zustande nach der Methode von Krehl in Bezug auf die zuletzt erörterte Componente der Umformung des rechten Ventrikels leicht zu Täuschungen Veranlassung geben kann. Krehl wählte Herzen aus, die noch nicht in Todtenstarre gerathen waren, oder solche, bei denen dieselbe bereits wieder verschwunden war.

Diese wurden unzerschnitten dem Körper entnommen. Alle Gefässe, ausser vena cava superior und einer Lungenvene, wurden durch fest eingebundene Korke wasserdicht verschlossen; in die beiden genannten Gefässe wurden Glasrohre von entsprechender Weite eingebunden und das Herz von ihnen aus mit Wasser gefüllt. Dies geschah unter hydrostatischem Druck von 50 bis 100 mm Hg. Das Wasser dringt von den grossen Venen aus in die Kammern und von der Aorta aus in sämmtliche Kranzgefässe; von diesen filtrirt es langsam durch die Herzwände, wobei aus denselben grosse Mengen von Farbstoff ausgewaschen werden. Die Wasserdurchleitung wurde 6—8 Stunden unterhalten. Wenn es nun darauf ankam, lediglich die Form des dilatirten Herzens zu untersuchen, so wird der diastolische Zustand mittelst 96 procentigen Alkohols fixirt, der nach dem Wasser etwa 3—4 Stunden lang das Herz durchströmen musste; . . . . nach der genannten Zeit bleibt das Herz in Diastole stehen und man braucht, um es vollkommen hart zu machen, nur noch 5 Tage absoluten Alcohol ohne Druck anzuwenden.

Krehl selbst führt an, dass das Herz auf diese Weise in den Zustand der stärksten Diastole komme, wohl einer stärkeren, als sie je im Leben erreicht wird; denn die Füllungsdrucke sind um ein beträchtliches grösser als die natürlichen.

Ein so fixirtes Herz wird daher einem in normaler Diastole befindlichen Herzen nicht zu vergleichen sein, ganz besonders nicht, wenn gerade die Form des rechten Ventrikels zu studieren ist.

Der rechte Ventrikel des Krehl'schen diastolisch fixirten Herzens ist gebläht, abgerundet; die Furche an der vorderen Wand, das Merkmal des normalen, diastolischen Herzens fehlt, denn die dünne, vordere Wand der rechten Kammer hat dem erhöhten Innendrucke allenthalben nachgebend, sich nach aussen ausgebaucht.

Andererseits ist, soweit es auf die Betrachtung der Oberflächen-Krümmung der rechten Kammer allein ankommt, auch das systolisch fixirte Herz von Hesse und Krehl einem normalen Herzen in dessen Systole nicht völlig gut an die Seite zu stellen. Wenn die Kammern sich fast widerstandslos zusammengezogen haben, liegt die vordere Wand des rechten Ventrikels der Kammer-Scheidewand dicht an. Ein so hoher Grad von gegenseitiger Annäherung kommt jedoch intra vitam niemals zustande. Wir wissen aus den Untersuchungen von Sandborg und Worm-Müller[1]), dass so wie die linke auch die rechte Kammer sich bei der Systole nicht vollständig entleert.

Das Verhältnis der Contraction des rechten und des linken Ventrikels.

Bei freier Beobachtung des blossgelegten, schlagenden Säugethier-Herzens hat das den mannigfaltigen Bewegungs-Erscheinungen folgende Auge den Eindruck, als würden die Locomotionen des linken und des rechten Ventrikels ungleichartig sein. Auf dieses Verhältnis hat bereits Kürschner[2]) mit einer trefflichen Schilderung aufmerksam gemacht.

„Man sieht, sagt er, wie in der Systole die blitzschnelle Biegung der Muskelbündel gegen das Ostium arteriosum hin verläuft, so dass es scheint, als mache die ganze Wandung des rechten Ventrikels eine Bewegung von rechts unten nach links und oben und wolle sich über den linken Ventrikel hinschieben. Am linken Ventrikel ist die Bewegung eine ganz andere; es verläuft die Biegung der Muskelbündel von links nach rechts und es macht die Contraction den Total-Eindruck, als wolle sich der linke Ventrikel in den rechten hineinbohren."

Zur genaueren Erkenntnis dieser Verhältnisse kehren wir nun noch einmal zu der Beobachtung eines mit Marken (Knöpfen) versehenen Herzens zurück und wenden wir unsere Aufmerksamkeit vorwiegend der rechten Kammer zu.

Wir erkennen — besonders leicht bei verlangsamter Herzaction — durch kurzes Aussetzen der Athmung, dass die beiden, im rechten Ventrikel steckenden Marken in dem nämlichen Zeittheile in Bewegung gerathen, dass also die sie umgrenzenden Wand-Partien in dem gleichen Momente, wie alle Theile der linken Kammer in Contraction eintreten.

Es zeigt sich auch, für das ganze Herz genommen, dass die drei am weitesten von einander entfernten Marken (in der Herz-

---

[1]) Sandborg und Worm-Müller, Pflügers Archiv 22, S. 424, 1880.
[2]) l. c.

spitze, im rechten, oberen Herzrande und im Conus) völlig synchron dem Septum näher zu rücken beginnen und dass zumal die Bewegung des rechten, oberen Herzrandes zeitlich mit den beiden anderen Locomotionen zusammenfällt. Für beide Ventrikel müssen jedoch Beginn, Richtung und Ende der Contraction sorgfältig auseinander gehalten werden.

Hierbei sind folgende Unterschiede zu verzeichnen:

Der Synchronismus trifft nur für die erwähnten Theile der beiden Kammern, den Conus, ihren rechten oberen und den unteren Herzrand zu. Während jedoch die Bewegung des Conus arteriosus auf diesen selbst beschränkt bleibt und, wie wir wissen, in einer Abnahme seiner Wölbung und seines Querdurchmessers in der Systole und in einer Zunahme der bezeichneten Diameter in der Diastole besteht, pflanzt sich die Contraction der rechts und oben, an der Ringfurche gelegenen Theile fortschreitend über die zwischen ihnen und dem Conus liegenden Partien aus.

Die Contraction am Spitzen-Antheile ist an meinen in Vorder-Ansicht aufgenommenen Bildern naturgemäss nur im Bereiche der vorderen Fläche des linken Ventrikels, d. h. bis zur vorderen Längsfurche zu übersehen. Bis dahin pflanzt sie sich in gerade nach rechts oben aufsteigender Richtung fort.

An den am weitesten rechts aussen oben, rechts seitlich und rechts unten befindlichen Punkten ist an der rechten Kammer der Beginn der Zusammenziehung; diese Theile der Wand des rechten Ventrikels nähern sich zuerst dem Septum; von ihnen aus gleitet die Contraction sodann im weiteren Verlaufe der Systole auf die übrige Wand und dem Septum entlang bis an dessen oberes Ende.

Die weiter links gelegenen Wand-Partien treten demnach je nach ihrer Entfernung von dem Anfangs-Punkte der ganzen Bewegung früher oder später in Contraction ein, so dass die Bewegung bei den an den Conus angrenzenden Theilen erst zuletzt anlangt. Sie gleitet wie eine Contractions-Welle von ihren Anfangs-Punkten aus über die vordere Wand der rechten Kammer nach dem Conus hin.

Ihrem Zielpunkte, dem oberen Ende der Kammer-Scheidewand, strebt die Contraction aller Theile des rechten Ventrikels (vom Conus abgesehen) nicht allenthalben direct zu. Der Bewegungs-Vorgang hat für die der Ringfurche entlang liegenden Theile einen erst absteigenden, dann aufsteigenden Schenkel.

Die Contraction aller Theile der Wand des rechten Ventrikels ist jedoch ein **continuirlicher Vorgang**, der am rechten Ende der Kammer-Basis beginnt und sich von hier aus nach allen Richtungen über die Kammerwand ausbreitet.

Der Endpunkt der Contraction des rechten Ventrikels liegt am oberen Ende der Scheidewand; das Ende der gesammten Bewegung ist zugleich die letzte am Herzen bei Beobachtung von vorne zu beobachtende systolische Umformungs-Erscheinung.

Der geschilderte Vorgang ist aus freier Inspection allein nur undeutlich zu erfassen. Bei dieser Art der Beobachtung ist selbst bei langsamer Herzaction eigentlich nicht viel mehr zu sehen, als dass der obere Kammerrand nicht mit einem Schlage in Bewegung geräth, sondern einer Abrundung unterliegt, die, von rechts nach links oben fortschreitend, schliesslich alle seine Theile nach einander umfasst. Dadurch erhält der obere Begrenzungs-Rand während der Systole das Aussehen einer geschwungenen Linie mit einem rechts liegenden convexen und einem links liegenden concaven Theile, der sich mit dem Vorschreiten der systolischen Contraction von rechts nach links ebenfalls allmählich nach oben wölbt, so dass **am Ende der Systole der obere Kammerrand eine durchwegs nach oben convexe Linie darstellt**. Die ganze Erscheinung ist bei seitlicher Betrachtung der rechten Kammer und insbesondere dann leichter zu sehen, wenn das beobachtende Auge sich nicht weit über dem Niveau der Vorderfläche des horizontal (im Thierkörper) lagernden Herzens befindet.

Ein besseres und eindringlicheres Erfassen der Richtung der Contraction an der rechten Kammer gestattet die Beobachtung des lebenden, verlangsamten kinematographischen Bildes. Dieses **lässt uns die zeitliche Aufeinanderfolge des Straffwerdens der einzelnen Punkte der vorderen (rechten) Kammerwand aus dem Wechsel der Form und Lage eines Lichtreflexes erschliessen**, der während der Systole des Herzens dem Septum entlang nach links und oben wandert. Zu der Zeit, wo der Licht-Reflex über der rechten Kammer an dem obersten Punkte seines Weges ankommt, ist am linken Ventrikel bereits keine für Systole sprechende Bewegungs-Erscheinung mehr zu sehen.

Das beschriebene Phänomen kann bei der zuletzt angeführten Methode der Beobachtung an jedem vollkommen normal schlagenden Herzen und fast bei jedem einzelnen Herzschlage, wofern die Aufnahme nur gut gelungen ist, gesehen werden. Es wird desto deutlicher und prägnanter, je weiter die Verlangsamung der Abrollung des Bildbandes getrieben werden kann, ohne dass damit auch die Reproduction der Bewegung verloren geht. Bei stürmischem Herzschlage kann diese der rechten Kammer allein angehörende Veränderung durch die energischen Contractionen des linken Ventrikels und des Septums der Beobachtung entzogen werden. Sie wird jedoch, die kinematographische Untersuchungs-Methode vorausgesetzt, klarer und leichter erfassbar, wenn die Contraction der linken Kammer während der Aufnahme schwach, ihre Form-Veränderung nur wenig plastisch und die Umformung der rechten Kammer unverändert ist, wie es z. B. kurze Zeit nach Unterbrechung der künstlichen Athmung des Versuchsthieres der Fall zu sein pflegt.

Wir werden sofort sehen, dass unter günstigen Bedingungen auch völlig normale Verhältnisse ein gleich deutliches Kenntlichwerden der Wanderung des Lichtreflexes gestatten. In solchen Fällen ist dann schon bei einfacher, nicht verlangsamter Vorführung des lebenden Projections-Bildes die Wanderung des Licht-Reflexes mühelos und einwandfrei zu constatiren.

Der zuverlässigste Beleg für das bisher Gesagte sind die kinematographischen Einzelbilder.

Tafel II, Fig. II zeigt die Photographien eines bei künstlich unterhaltener Athmung vollkommen normal schlagenden Hunde-Herzens. Die Bilder-Serie entstammt derselben Bilderrolle wie Tafel II, Fig. I.

Auf Bild 2 der Fig. II ist über der rechten Kammer ungefähr in der Mitte zwischen dem unteren und oberen Rande des Ventrikels ein heller Licht-Reflex aufgetaucht.

Bild 3 derselben Tafel zeigt ihn ein Stück weiter nach links und oben (im Bilde rechts und oben) gewandert.

In Bild 4 ist er nahe dem obersten Punkte seines Weges, an dem oberen Ende der Kammer-Scheidewand angelangt.

Bild 5 zeigt ihn in unverminderter Helligkeit an seinem obersten Grenzpunkte. Wenn wir gleichzeitig die systolischen Veränderungen des linken Ventrikels, deren Erscheinungs-Form uns schon bekannt ist, beobachten, dann finden wir, dass hier die Systole ebenfalls im Bilde 4 auf ihrem Höhepunkte angelangt ist, denn zu dieser Zeit ist der Lichtpunkt über der linken Kammer am kleinsten und scharf umschrieben. Während nun die Contouren des unteren Lichtfleckes im Bilde 5 bereits wieder verschwommen geworden sind und der Reflex selbst matter erscheint, ist der Licht-Reflex über der rechten Kammer sogar noch etwas weiter nach links aufwärts gewandert, dabei in unverminderter Helligkeit und gleich scharfer Contourirung wie im früheren Bilde.

In dem späteren Bilde sehen wir den Licht-Reflex verschwommen und matter geworden, in zwei Theile aufgelöst, in Bild 8 und 9 ist er wiederum vollständig verschwunden. Sein Abwärtssinken innerhalb des Bereiches der rechten Kammer im Bilde 6 geht theils mit dem Wiedereintritte der diastolischen Verbreiterung des Ventrikels einher, theils wird es durch die diastolische Abflachung der ganzen Kammerwand begründet. Für die gleiche Zeitperiode, während des Vorschreitens der Systole bis zu ihrem Endpunkte, ist die allmählich von rechts nach links sich fortpflanzende Abrundung des oberen Herz-Contours gleichfalls aus den chrono-photographischen Einzelbildern mit Sicherheit zu erkennen.

Die von der eben besprochenen in manchem Punkte verschiedene Bilder-Serie, Tafel I, Fig. I, welche Photographien desselben Herzens darstellen, die im Verlaufe des gleichen Versuches nach etwas mehr als 3 Sekunden während Athem-Pause entstanden sind, illustriren den gleichen Befund. Er ist in dieser Serie nicht ganz so klar und ins Auge fallend, wie auf Tafel II, Fig. II, bei der Reproduction des lebenden Bildes zeigt aber auch diese Stelle die Aufwärts-Wanderung des Licht-Reflexes in conformer Weise. —

Der Befund ist gerade an den besten meiner Herzbilder bei der Reproduction der Bewegung am klarsten zu erheben und kann somit für den normalen Herzschlag als constant angenommen werden.

Eine Erklärung dieses Phaenomens, das den Anschein erweckt, als würde die Contraction des rechten Ventrikels auch unter physiologischen Verhältnissen diejenige des linken überdauern, ist nicht leicht zu erbringen. Ich will diese Frage nach meinen dermaligen Befunden nicht zu entscheiden versuchen, umsomehr als dieselben ja durchaus nicht eindeutig sind und verschiedene Erklärungsmöglichkeiten offen lassen.

Zunächst müssten ad hoc neue Serien-Aufnahmen der hinteren Fläche des schlagenden Säugethier-Herzens in grosser Zahl aufgenommen werden, welche die kinematographische Beobachtung der Herzbewegung in Rück-Ansicht gestatten und die Contraction längs der ganzen Wandfläche des linken Ventrikels verfolgen lassen. Denn es ist a priori nicht unwahrscheinlich, dass der Dyschronismus, beziehungsweise die längere Dauer der systolischen Contraction des rechten Ventrikels, bloss auf Täuschung beruht und bei der gegenwärtigen Methode der kinematographischen Aufnahme nur scheinbar und dadurch zustande kommt, dass die Bewegungs-Erscheinungen an dem vorne gelagerten rechten Ventrikel bis zu ihrem Endpunkte — dem arteriellen Ostium — verfolgt werden können, während sie an der nach vorne nur theilweise freiliegenden linken Kammer nur ein Stück weit sichtbar sind.

Ich erwähne diese Möglichkeit, ohne jedoch für sie irgend welche näheren Details erbringen zu können. Bei der Beschreibung eines Falles von blossliegendem, schlagendem Menschen-Herzen hatte ich auf einen Dyschronismus der Endzeiten der beiderseitigen Systolen hingewiesen. Die damaligen Angaben dürften wohl auch im Sinne der eben entwickelten Darlegung zu corrigiren sein. Ich will diese Beobachtung gleich den jetzigen zugehörigen kinematographischen Befunden bloss als Factum hingestellt haben, deren specielle Ausführung und Erörterung erst durch weitere geeignete Untersuchungen zu erbringen wäre.

Die Form-Veränderung des Herzens (Resumé).

Die Umformungen, denen das Herz von dem Ende der Diastole bis zum Höhepunkte der Systole fortschreitend unterliegt, lassen sich nunmehr in folgender Weise zusammenfassen:

Das blossgelegte, in situ normali befindliche, im normalen Kreislaufe thätige und mit dem Versuchsthiere horizontal gelagerte Herz macht keinerlei Ortsveränderung in toto mit. Das

Gleiche gilt für das noch vom intacten Herzbeutel eingeschlossene und nach Eröffnung der Brusthöhle beobachtete, gleichgelagerte Organ des Hundes.

Sämmtliche Umformungs-Erscheinungen sind Form-Veränderungen des Oberflächen-Reliefs der Wand oder auf den einen oder den anderen Ventrikel beschränkte Locomotionen.

Während der normalen Diastole hat das ganze Herz annähernd die Gestalt einer Birne mit einem nach links und unten ein wenig in die Länge gezogenen Contour.

Die verschmälerten, oberen Antheile werden durch die Conus-Wölbung dargestellt.

Auf die Form des Herzens in diesem Stadium lässt sich, wie ich glaube, ganz treffend ein Vergleich anwenden, mit dem v. Frey[1]) die Form eines an den Ostien frei aufgehängten und mit Blut gefüllten linken Ventrikels gekennzeichnet hat. Er verglich denselben mit einem „hängenden Tropfen, allerdings von colossalen Dimensionen"; man muss sich diesen jedoch in der Richtung von vorne nach hinten ein wenig plattgedrückt vorstellen.

Der Conus-Contour ist von den übrigen Theilen der rechten Kammer nach rechts und links durch eine seichte Kerbe geschieden, der obere Herzrand eine Bogenlinie mit schwacher, nach aufwärts ausgesprochener Concavität. Der rechte Ventrikel trägt bei normaler Diastole des Herzens ungefähr in der Mitte zwischen der Ringfurche und der vorderen Längsfurche eine seichte Rinne. Für sich allein betrachtet, gleicht er zu dieser Zeit einem Kegelstumpfe mit nach abwärts gerichteter Basis, während die Gestalt des linken Ventrikels, dessen Form in jeder Phase der Herzrevolution auch für das ganze Herz bestimmend ist, im Sinne der Beschreibung von v. Frey zu definiren ist.

Die vordere Fläche der linken Kammer ist während der Diastole durchwegs gleichmässig flach convex.

Die vordere Längsfurche verläuft während der Diastole in nach oben schwach convexem Bogen von links oben nach rechts unten.

Während der Systole nimmt die Länge des Tiefen-Durchmessers des rechten und linken Ventrikels in allen Höhen ihrer Längsachsen bedeutend zu. Das Maximum der Wölbungs-Zunahme fällt in die ersten Phasen der Systole.

---

[1]) v. Frey, l. c., S. 74.

Der Spitzen-Antheil des Herzens ändert mit den anderen Theilen seine Form somit zunächst auch durch allseitige Wölbungs-Zunahme. Hand in Hand mit dieser Form-Veränderung tritt als noch weitergehende Umformung die Bildung des „systolischen Herzbuckels" an seiner vorderen Fläche auf. Derselbe kommt durch eine Verschiebung des Reliefs zustande; zu seiner Bildung werden die der Herzspitze angehörenden und die ihr unmittelbar benachbarten Theile herangezogen, während an ihre Stelle von den Seiten und von hinten her andere Theile der Herz-Wand rücken.

Das Emporrücken der Spitze bei der Systole ist daher zumtheile eine nur in der Wand des Spitzen-Antheils selbst erfolgende Bewegung, die von einer Orts-Veränderung des unteren Herzrandes und des Herzens in toto nach oben nicht begleitet wird.

Der systolische Herzbuckel präsentirt sich nach geschehener Umgestaltung als halbkugeliger Körper, der, mit der Längenachse des Spitzen-Antheiles einen nach vorne offenen Winkel bildend, dem Spitzen-Antheile aufgesetzt erscheint und damit den Tiefen-Durchmesser des Herzens an dieser Stelle noch weiter während der ganzen Dauer der Systole vergrössert.

Der Septum-Wulst tritt im Relief der vorderen Wand (des rechten Ventrikels) während der Systole mit starker Convexität vor. Seine Wölbung ragt am Ende der Systole aus der wieder flacher gewordenen Wand am deutlichsten heraus.

Zwischen der rechten und linken Kammer tritt eine sich im Verlaufe der Systole immer mehr vertiefende, breite Furche auf. Dieselbe umfasst die vordere Längsfurche und überragt dieselbe nach oben und nach unten. Sie reicht von dem Septum-Wulste bis an den systolischen Herzbuckel.

Im weiteren Verlaufe der Systole wird der linke Ventrikel wieder deutlich schmäler; er gleicht auf dem Höhepunkt seiner Contraction im Längs-Durchschnitte einem sphärischen Dreiecke. Auch sein Tiefen-Durchmesser scheint sich mit dem Vorschreiten der Systole wieder zu verkürzen.

Der rechte Ventrikel hat während seiner Contraction eine ellipsoid-ähnliche, schliesslich fast cylindrische Form, die Länge aller seiner Haupt-Durchmesser nimmt mit dem Fortschreiten der Systole stetig ab.

Die vordere Längsfurche ist während der Herz-Contraction eine sich nach aufwärts immer stärker krümmende Linie mit einem oberen, gegen die Horizontale wenig geneigten und einem unteren fast verticalen Schenkel.

Die dominirende Bewegung des linken Ventrikels ist die Hebel-Bewegung. Ihr Fixpunkt ist zugleich auch „der Fixpunkt erster Ordnung" der Herzmuskel-Fasern und liegt am oberen Ende der Kammer-Scheidewand. Die Hebel-Bewegung ist „eine Schwenkung des Herzens um seine Querachse." (C. Ludwig.)

Die Rotations-Bewegung besteht in einer Bewegung des ganzen linken Seiten-Randes und des ganzen Spitzen-Antheils über vorne nach rechts im Sinne einer Pronation der linken Hand.

Das Zusammengehen von Hebel- und Rotations-Bewegung bewirken den Eindruck einer spiraligen Locomotion des Spitzen-Antheiles.

Hebel- und Rotations-Bewegung sind die ausgreifendsten Locomotionen des Spitzen-Antheiles und endigen am spätesten. Der systolische Herzbuckel ist in den End-Zeiten der Hebel- und Rotations-Bewegung noch vollkommen ausgeprägt, er macht also diese Bewegungs-Phase unverändert mit.

Der Endtheil des Hebel- und der Rotations-Bewegung fällt mit der stärksten Vertiefung der systolischen Furche, der stärksten Verschmälerung beider Kammern und der bedeutendsten Verkürzung der rechten Kammer zusammen.

Das Fixum der Rotations-Bewegung, zugleich auch „ein Fixum zweiter Ordnung" für die Wirkung der Herzmuskel-Fasern, ist die ganze Fläche der Scheidewand.

Die resultirenden Contractions-Richtungen sämmtlicher Herzmuskel-Fasern convergiren von allen Seiten her gegen das obere Ende der Scheidewand.

Die Spitzen-Basis-Achse des linken Ventrikels erfährt während der Systole keine Verkürzung.

Die Verkürzung der Längenachse des ganzen Herzens während der Systole ist einerseits auf Rechnung der Abnahme der Conus-Wölbung zu setzen; sie kommt andererseits dadurch zustande, dass die Längsachse des linken Ventrikels mit derjenigen des rechten in der Systole einen spitzeren Winkel einschliesst, als während der Diastole, und dass der systolische linke Ventrikel demnach in die Längsachse des ganzen Herzens nicht so wie der diastolische mit seinem Längsdurchmesser, sondern mehr mit seiner Schmalseite eingestellt erscheint.

Das blossgelegte, im normalen Kreislaufe befindliche und mit dem Versuchsthiere vertical gestellte Herz macht eine pendelartige Bewegung nach rechts und oben, um seine Aufhänge-Stelle an den grossen Gefässen: Die Total-Bewegung.

Ihr Kriterium ist die Orts-Veränderung des unteren Herzrandes. — Sämmtliche beschriebenen Umformungs-Erscheinungen und partiellen Bewegungen begleiten die Total-Bewegung in unveränderter Form; nur die Hebel-Bewegung erfolgt bei dieser Stellung des Herzens mit bedeutend reducirter Excursions-Grösse.

Der Herzstoss.

I.

Unter physiologischen Verhältnissen gibt das Herz nach aussenhin in regelmässiger, periodischer Folge auffallende Zeichen seiner Thätigkeit. Eines der sinnfälligsten darunter pflegt der Herzstoss zu sein.

Er besteht zumeist in einer fühlbaren, in einer grossen Zahl der Fälle auch sichtbaren Vorwölbung an einer umschriebenen Stelle eines Intercostal-Raumes der vorderen Brustwand.

„Der zufühlende Finger hat dabei die Empfindung, als ob ein rundlicher, ziemlich resistenter Körper gegen die innere Fläche der Brustwand angestossen oder angedrückt würde. — Dieser fühlbare Stoss macht durchaus den Eindruck einer plötzlich auftretenden, sehr rasch vorübergehenden Erscheinung, weil die Pausen zwischen den einzelnen Stössen einen viel grösseren Zeitabschnitt umfassen, als diese letzteren." (v. Dusch.)[1]

Die Stelle der Vorwölbung ist bei der Mehrzahl der Menschen im 5. linken Intercostal-Raume zwischen der Mammillar-Linie und Parasternal-Linie gelegen. Die Vorwölbung selbst muss jedenfalls einem Theile des Herzens entsprechen, der wäh-

---

[1] v. Dusch, Lehrbuch der Herzkrankheiten. Leipzig 1868.

rend ihrer Entstehung unmittelbar an der Brustwand frei liegt und von derselben gar nicht oder oft vielleicht nur in ganz dünner Schichte durch die Lungen getrennt wird.

Dieser Herztheil ist nach der Darstellung der Mehrheit aller Autoren die Herzspitze.

Wir sind demnach gewohnt, als Herzstoss $\varkappa\alpha\tau^\prime\ \dot{\varepsilon}\xi o\chi\dot{\eta}\nu$ eine Bewegungs-Erscheinung zu bezeichnen, die an einer vor der Herzspitze gelegenen Stelle der Brustwand zustande kommt, ein Phänomen, das eben darum mit v. Dusch in jedem concreten Falle besser als „Spitzenstoss" zu bezeichnen ist, und das nach dem Ausdrucke Niemeyers den sicht- und fühlbaren Antheil der Herzthätigkeit umgreift.

Nur das Zustandekommen der unter völlig normalen Verhältnissen in der Gegend der Herzspitze während der Systole des Herzens auftretenden Vorwölbung, „des Spitzenstosses" allein, soll hier Gegenstand meiner Erörterungen sein. — Es wird daher nur andeutungsweise berücksichtigt werden, dass man bei vielen normalen Individuen weder an dieser noch an einer anderen Stelle der Herzgegend eine durch die systolische Action des Herzens bewirkte Erschütterung fühlt, dass der Spitzenstoss oft fühlbar, jedoch nicht sichtbar ist, dass man auch in normalen Fällen unter Umständen neben einer Vorwölbung an der beschriebenen Stelle Einsenkungen und Vorwölbungen an benachbarten, anderen Theilen der Herzgegend sehen kann. Es kann auch das mehrfach erwähnte Factum nur beiläufig berührt werden, dass der Spitzenstoss oft — auch in normalen Fällen — in dem 4. Intercostal-Raume zu beobachten ist, und dass unter pathologischen Verhältnissen fast alle Theile der vorderen Herzwand ihr vorgelagerte nachgebende Stellen der Thoraxwand in Bewegung zu setzen vermögen.

Die Fragestellung lautet:

Welcher Theil des Herzens bewirkt den Spitzenstoss und wie kommt er zustande?

Es kann gegenwärtig schon als allgemein anerkannt betrachtet werden, dass der Herzstoss mit der Systole der Kammern zusammenfällt. Alle Versuche und Theorien, die von dem Philosophen Descartes ausgingen, ihn als ein Phaenomen darzustellen, das der Ventrikel-Diastole angehöre, so diejenigen von Stokes, Burdach, Pigeau, Beau, Baumgärtner u. a. können als vollkommen widerlegt beiseite gelassen werden.

Schon im 17. Jahrhunderte hatte der unsterbliche Harvey[1]) betont, dass der Herzstoss an die Systole des Herzens gebunden sei, denn nur das sich contrahirende, erhärtende Herz besitze die Fähigkeit ihn hervorzubringen.

... „Cor aliquando moveri, aliquando quiescere ...

... In motu & eo quo (cor) movetur tempore, tria prae caeteris animadvertenda:

1) Quod erigatur cor, & in mucronem se sursum elevet; sic ut illo tempore ferire pectus, & foris sentiri pulsatio possit" ....

Das diastolische Herz ist schlaff und weich, es bietet dem Fingerdrucke keinen nennenswerten Widerstand und ist daher unter normalen Verhältnissen gewiss nicht imstande, die nachgiebigen Theile der Brustwand hervorzuwölben.

Während der Systole aber, wenn die Herzmuskelfasern sich contrahiren, wird das Herz hart und fest.

3) ... „Comprehensum manu cor, eo quo movetur tempore duriusculum fieri" .... und

... musculi enim, cum moventur & in actu sunt, vigorantur, tenduntur, ex mollibus duri fiunt, attolluntur, incrassantur, & similiter cor."

Der Herzstoss ist also vorwiegend gewiss durch die während der Systole plötzlich eintretende Härte und Form-Veränderung des Herzens bedingt. Die beiden ihn producirenden Factoren, die Härte und die systolische Form-Veränderung des Herzens sind Functionen der Contraction der Herzmusculatur. —

Wir können daher dem morphologischen Theile der aufgeworfenen Frage nur dann gerecht werden, wenn wir die systolische Umformung des Herzens einem genauen Studium zu unterziehen vermögen.

Ich glaube, durch die Anwendung der kinematographischen Methode dieser Voraussetzung, soweit es die jetzige Technik der Kinematographie gestattet, entsprochen zu haben und will nunmehr eine Anwendung meiner Ergebnisse auf den in der Klinik sich manifestirenden Theil der Herzbewegung, den Herzstoss, versuchen.

Wenn man an der Hand der gewonnenen Erfahrungen diese Aufgabe verfolgend in unbefangener Weise klinische und neue

---

[1]) Harveji, „Exercitationes anatomicae. De motu cordis & sanguinis ... etc."

oder durch eine neue Methode bestätigte ältere, experimentelle Befunde einander gegenüber zu stellen vermag, kann es wohl nicht als unzweckmässig erscheinen, eine kurze Revision der gangbaren Herzstosslehren zu versuchen.

Jeder, der im Verlaufe von Jahren „Herzstösse" in grosser Zahl untersucht hat, ist wohl immer und immer wieder auf Erscheinungen gestossen, die in den Rahmen keiner einzigen der bekannten und anerkannten Herzstoss-Theorien passen wollen; es hat für denjenigen, der sich mit dem Spitzenstoss-Phaenomen viel beschäftigt, den Anschein, als wäre keine der bisherigen Theorien imstande, das streng Normale, den Typus, zu praecisiren und von dem Abnormen, dem Veränderten, Pathologischen scharf zu trennen.

Die Verwirrung, welche auf dem Gebiete der Herzstoss-Erklärungen so lange Zeit geherrscht hat und auch jetzt noch nicht vollständig beseitigt ist, lässt sich treffend mit den Worten Kürschners[1]) begründen: „Diese Verwirrung rührt daher, dass viele, ohne vielleicht jemals ein Herz bloss zu legen, über diesen Gegenstand geschrieben haben, und vorzugsweise ist vielen älteren Beobachtern dieser Vorwurf zu machen.

Andere haben Vivisectionen gemacht und gewiss treu beobachtet, allein theils sind die Versuche an grossen Thieren angestellt, wo man die Erscheinungen nicht übersieht, theils hat man an zu viel Thieren den Herzschlag gesehen und dadurch die Beobachtung verwirrt, wie denn die Experimente am Frosch-Herzen der Physiologie dieses Organes in jeder Hinsicht hinderlich gewesen sind, theils hat man bei dem blossgelegten Herzen nicht die richtige Zeit wahrgenommen und viele Irrthümer liegen an der Art der Operation." —

II.

Der Nachweis des systolischen Herzbuckels an der Vorderfläche des Spitzen-Antheiles kann für die Beantwortung der morphologischen Seite der aufgeworfenen Frage wohl vollkommen zureichend erscheinen.

Dass der systolische Herzbuckel zur Hervorbringung der umschriebenen Vorwölbung, die wir „Spitzenstoss" nennen, geradezu praedestinirt erscheint, wird schon a priori unbedingt zugegeben werden können; sein Hervortreten aus der vorderen Fläche des

---

[1]) l. c., S. 31.

Spitzen-Antheiles nach vorne bewirkt, dass der Tiefen-Durchmesser des systolischen Herzens an dieser Stelle während der ganzen Dauer der Systole denjenigen des diastolischen Herzens an Länge weit überragt.

Es bedarf nun des Beweises, dass es thatsächlich auch diese Stelle ist, welche in vollkommen normalen Fällen den vor ihr liegenden, nachgebenden Theil der Brustwand hervorwölbt. —

Es wurde bereits beschrieben, dass das untere Herzende selbst an dem Spitzenstosse de norma wohl unbetheiligt sein müsse, denn es ist während der ganzen Dauer der Systole ein wenig nach rückwärts geneigt.

Jedenfalls ist es bemerkenswert, dass schon frühere Autoren, so Arnold[1]) und v. Dusch[2]), zumal der letztgenannte, als Substrat des Spitzenstosses nicht die Herzspitze selbst, sondern eine weiter rechts und oben gelagerte Partie des Herzens angenommen haben.

„Dieser Anstoss hat mit dem Körper und nicht mit der Spitze des Herzens statt." (Arnold.)

v. Dusch sagt hierüber in seinem „Lehrbuch der Herzkrankheiten":

„Die Stelle des Herzstosses an der äusseren Brustwand entspricht einem Theile der vorderen Wand des unteren Drittheils der rechten Kammer, der etwa 2 cm von der Herzspitze entfernt ist. Im Innern des Herzens befindet sich jedoch daselbst das in den unteren Abschnitt der rechten Kammer stark vorgewölbte, hauptsächlich von den Muskelfasern der linken Kammer gebildete Septum ventriculorum;"

und an einer späteren Stelle: „... **Hiermit stimmen auch die Ergebnisse der Percussion; die Herzdämpfung überragt die Stelle des Stosses gewöhnlich um 1 bis 2 cm nach links."** —

Eine Bestätigung der Percussions-Ergebnisse v. Duschs dürfte kaum nothwendig erscheinen.

Seit der Zeit, in der v. Dusch und frühere Autoren die Herzaction studirt haben, ist uns in der Durchleuchtung mit Röntgen-Strahlen ein neuer Behelf für die Beurtheilung der Herzbewegung im unversehrten Thorax erstanden. — Wenn man

---

[1]) Arnold, Handbuch der Anatomie des Menschen, II. Bd., I. Abth., S. 435.
[2]) v. Dusch, l. c., S. 21.

nun bei genauer Beobachtung der Bewegung des Herzschattens auf dem Schirme die Stelle des Spitzenstosses an der Brustwand mit einem Finger, der durch den Schirm hindurch als Schatten gut zu sehen ist, markirt, dann findet man, **dass der Herzschatten in der Systole die markirte Stelle nach linkshin und abwärts überragt.**

Den experimentellen Beweis dafür, dass der Spitzenstoss des Hundes nicht durch das unterste linke Herzende sondern durch den systolischen Herzbuckel producirt wird, habe ich in folgender Weise erbracht:

Das Versuchsthier, ein junger Hund, wurde tracheotomirt, curarisirt und künstlich geathmet. Hierauf wurden unter Blutsparung die Haut, die Ansätze der Pectorales und des Serratus wegpraeparirt und sodann die knorpeligen Antheile der 4., 5. und 6. Rippe mit den inserirenden Theilen der Intercostal-Muskeln entfernt. — Es gelingt bei einiger Vorsicht, die Pleura ein ganzes Stück weit blosszulegen. Bei ganz jungen Thieren kann man dann besonders gut die Bewegung der Lunge und des von ihr nicht bedeckten Herztheiles, nach dem Aussetzen der Athmung den grössten Theil der Herzbewegung controliren.

Das erste Ergebnis dieser Beobachtungs-Methode ist der sichere Befund, **dass eine Verschiebung des Herzens in toto im allseits geschlossenen Brustraume nicht stattfindet.**

Sämmtliche sichtbaren, systolischen Bewegungs-Erscheinungen sind nichts anderes als die in der Herzwand selbst erfolgenden Umformungen, die ich an früherer Stelle ausführlich geschildert habe. Mit ihnen gehen die speciellen Lage-Veränderungen des linken Ventrikels, die Hebel- und die Rotations-Bewegung (beide in verminderter Excursions-Grösse) einher.

Die Prominenz, mit der sich der systolische Herzbuckel an der durch ihn stark hervorgewölbten Pleura-Fläche abzeichnet, wird nach aussen und unten noch von Herzfleisch überragt.

Das Emporrücken der Herzspitze ist theilweise eine nur in der Wand des Spitzen-Antheiles selbst erfolgende Bewegung und erklärt sich theilweise aus dem Mechanismus der Hebel- und Rotations-Bewegung.

Die Feststellung dieser Thatsachen allein vermag bereits verschiedene Widersprüche zu beseitigen, die wiederholt zwischen experimentellen Untersuchungs-Ergebnissen und klinischen Beobachtungen aufgetaucht sind. Wir wollen es jedoch zunächst an der Feststellung dieser Thatsachen genug sein lassen.

Beiläufig sei erwähnt, dass sich entsprechend der **systolischen Furche** zwischen rechtem und linkem Ventrikel **auch an der Pleura während der Systole eine Vertiefung ausprägt**, wie überhaupt die ganze Summe der Bewegungs-Erscheinungen an der Pleura als „**Ausdruck der Herzbewegung**" selbst zu bezeichnen ist.

Wenn ich nunmehr, um völlig sicher zu gehen, in die Mitte der umschriebenen systolischen Vorwölbung, die nur von Pleura und Pericard bedeckt war, in dem Augenblicke ihres Entstehens eine Nadel einstach und sodann Pleura und Pericard eröffnete, **dann sah ich die Spitze der Nadel in einem zwischen der Herzspitze und der vorderen Längsfurche gelegenen Punkte stecken, der näher der letzteren gelegen war.**

„Irrthümlich hat man angenommen, dass die Gegend, wo man den Impuls am kräftigsten fühlt, der Herzspitze entspricht; sticht man beim lebenden Thiere in jener Gegend eine Nadel ein, so verletzt man immer die Seitenwand der rechten Kammer, bald näher, bald entfernter von der Herzspitze, nie dagegen vorzugsweise die letztere.

Legt man bei einer Leiche den entsprechenden Zwischenrippen-Raum bis auf die Costal-Pleura bloss, so wird man leicht erkennen können, dass die Herzspitze in der Regel vom Lungenrande bedeckt ist, und dass demnach dieselbe mit der Brustwand in gar keiner Berührung steht." (Kiwisch.)[1]

In jüngster Zeit gab Müller[2] vollkommen zutreffend an, dass die durch den „Spitzenstoss" bewirkte Vorwölbung senkrecht zur Brustwand erfolge und nicht in die Längsachse des Herzens falle. Dasselbe hatte Bamberger schon früher betont.

Durch diese Versuche und im Einklange mit der am Herzschatten des Röntgen-Bildes geschöpften Erfahrung erscheint es wohl hinreichend bewiesen, dass **der Spitzenstoss des normal**

---

[1] Kiwisch, Prager Vierteljahrsschrift, Band 9, 1846, S. 149.
[2] Hermann Müller, Correspondenz-Blatt für Schweizer Aerzte, 1896, No. 20, S. 626.

gelagerten Herzens durch den systolischen Herzbuckel bewirkt sein könne.

Dass v. Dusch sich zu der Annahme gezwungen sah, der Spitzenstoss werde durch einen Theil der vorderen Wand des unteren Drittheiles der rechten Kammer hervorgebracht, findet eine ungezwungene Erklärung darin, dass dieser Autor, der die systolische Rotation gleichfalls vollständig zutreffend als dem linken Ventrikel allein zugehörig beschrieb, den Antheil dieser Bewegung an der Production des Spitzenstosses und die Excursions-Grösse dieser Bewegung unterschätzte.

Der systolische Herzbuckel gehört, wie meine kinematographischen Bilder lehren, zweifellos der vorderen Fläche des Spitzen-Antheiles der linken Kammer an.

Die Beobachtung der Herzbewegung durch die blossgelegte Pleura zeigt auch, dass die **vordere Herzwand des Hundes, soweit sie nicht von der Lunge überdeckt wird, sich in stetem Contacte mit der vorderen Brustwand befindet.**

Während der Exspiration sieht man das Herz mit einem grösseren Theile seiner Vorderfläche der Brustwand anliegen als während der Inspiration.

Es liegt kein Grund vor, dass bei vollständig erhaltener Integrität der vorderen Brustwand die Verhältnisse nicht völlig gleich seien. Nur die Excursions-Grösse der speciell nach vorne gerichteten Bewegungen des Herzens, der Hebel- und der Rotations-Bewegung, dürfte bei unversehrter Thorax-Wand eine geringere sein.

Die Hebel- und die Rotations-Bewegung zumal bedingen daher bei unveränderten Verhältnissen nicht ein Anschlagen des Spitzen-Antheiles, sondern ein stärkeres Sichanpressen desselben an die Thoraxwand.

Da zur gleichen Zeit an der Vorderfläche des Spitzen-Antheiles der systolische Herzbuckel entsteht, muss die Vorwölbung an dieser Stelle eine umschriebene sein.

Der Befund des permanenten Contactes zwischen vorderer Herzwand und Brustwand bestätigt eine schon von Kiwisch[1]) beschriebene Thatsache. Wir werden aber hören, dass die Erklärung, die Kiwisch für diese Thatsache zu erbringen versuchte, als unzutreffend zu bezeichnen ist.

---

[1]) Kiwisch, l. c., S. 143.

Durch den Nachweis des systolischen Herzbuckels an der vorderen Fläche des Spitzen-Antheiles ist im Zusammenwirken mit den anderen nachgewiesenen und neu bestätigten Theilfactoren der Herzaction eine ganze Reihe in der Klinik auftretender Erscheinungen vollständig ungezwungen zu erklären.

Wir hörten früher, dass der systolische Herzbuckel sich nicht in allen Fällen so deutlich ausprägt, wie im vorliegenden. Es wurde darauf aufmerksam gemacht, dass die Tiefen-Zunahme des linken Ventrikels in manchen Fällen allein Kriterium seiner Systole sei, dass in anderen Fällen an Stelle des umschriebenen, systolischen Herzbuckels nur eine flache, unscharf begrenzte Convexität auftrete, dass die beiliegende Photographie dem physiologischen Optimum entsprechen dürfte, und dass zwischen den fixierten Stufen vielfache Übergänge möglich seien.

Nur die systolische Zunahme des Tiefen-Durchmessers ist das Constante, immer Vorhandene.

Dementsprechend hat in vielen Fällen, in denen weder ein sichtbarer, noch auch ein umschrieben fühlbarer Spitzenstoss vorhanden ist, die flach auf die linke, vordere Brustwand aufgedrückte Hand das Gefühl einer dumpfen, diffusen, nicht localisirbaren Erschütterung der Brustwand. Die von da bis zu dem als umschriebene Vorwölbung sichtbaren Spitzenstosse auftretenden Übergänge haben in den vorhin am freiliegenden Herzen beschriebenen Variationen allein bereits ein physiologisches Substrat gefunden.

Dass es einerseits eine unendlich grosse Reihe pathologischer Möglichkeiten gibt, die den Contact zwischen vorderer Wand des Spitzen-Antheiles (beziehungsweise systolischem Herzbuckel) und Brustwand aufheben können, und dass andererseits nach dem Ausspruche Bambergers jeder Theil der vorderen Wand des systolisch erhärtenden und stärker gewölbten Herzens — und so auch unter Umständen das unterste Herzende selbst — die ihm vorgelagerte, nachgiebige Stelle der Brustwand hervorzutreiben vermag, müsste ich hier naturgemäss nicht einmal erwähnen.

Auf eine Grundlage für das constante Fehlen des Spitzenstosses, die vielleicht eine an der Grenze zwischen Physiologischem und Pathologischem stehende Möglichkeit darstellt, hat, wie wir hören werden, bereits Luschka aufmerksam gemacht.

Ich habe nun noch den zweiten Theil der Frage zu beantworten: Wie kommt der Spitzenstoss zustande, auf welche Weise wird das Herz, das, wie man glauben möchte, nach rückwärts — gegen die Lungen hin — auszuweichen vermag, gezwungen, mit seinem systolischen Buckel den Intercostal-Raum hervorzuwölben und in den Fällen, wo es hypertrophisch ist, die ganze linke vordere Brustseite in Bewegung zu versetzen, da doch „der Energie-Antheil der Herzbewegung, der auf die Brustwand als Stoss sich überträgt, für den Kreislauf verloren geht?" (Martius)[1].

Diese Frage ist mit den Worten Hamerniks[2] zu beantworten, aber nicht in dem Sinne, den ihnen ihr Autor supponirt hat:

„**Das systolische Heben der vorderen Brustwand ist ein Postulat der Lage des Herzens.**"

Hamernik[3] nahm an, dass das Herz vermittelst des scharfen Randes seiner rechten Kammer in dem Winkel zwischen dem Zwerchfell und der vorderen Brustwand eingefalzt sei und darin nach dem Mechanismus des Horror vacui so lange bleiben müsse als nicht irgend eine andere Materie an dessen Stelle trete.

Für jede Theorie, welche die Erscheinung des Spitzenstosses und die Erscheinungsformen des Herzstosses überhaupt vorwiegend durch die Form-Veränderungen und die systolische Erhärtung des Herzens erklären will und eine Gesammtbewegung des Herzens als Ursache des Stosses nicht anerkennt (Arnold, Kiwisch, Hamernik, v. Dusch u. a.), war es ein Postulat, eine feste, unverrückbare Stellung des Herzens im Brustraume anzunehmen und soweit als möglich zu beweisen.

Schon eine einfache Überlegung ergibt, dass jede Theorie, die z. B. eine Bewegung des Herzens in toto von hinten, oben und rechts nach vorne, unten und links für den Spitzenstoss verantwortlich macht, uns im Stiche lässt, wenn der Spitzenstoss im concreten Falle nicht als ein Stoss, sondern als eine andauernde Hervortreibung der Brustwand zutage tritt.

Den Theorien, welche den Herzstoss von Veränderungen an den Gefässen allein abhängig machen, stehen die Erfahrungen der neueren Zeit entgegen, welche lehren, dass er in einer Phase

---

[1] Martius, Der Herzstoss des gesunden und kranken Menschen. Sammlung klinischer Vorträge. Volkmann, N. F. No. 113.
[2] Hamernik, Die Grundzüge der Physiologie und Pathologie des Herzbeutels. Prag 1864. S. 39.
[3] Hamernik, Das Herz und seine Bewegung. Prag 1858.

der Herzrevolution entsteht, in welcher die Semilunar-Klappen noch geschlossen sind. Wir haben auch gesehen (Seite 48), dass an dem Anfangs-Stücke der Aorta des Säugethieres unter physiologischen Verhältnissen weder während der Systole noch während der Diastole sinnfällige Locomotionen zu bemerken sind.

Aber auch den Theorien, welche den Stoss einzig und allein als „Function der Verschluss-Zeit" (Martius)[1]) des erhärtenden und sich umformenden Herzens bezeichnen, widerspricht das oft zu beobachtende, schon erwähnte Phänomen einer andauernden, die ganze Zeit der Systole in Anspruch nehmenden Hervortreibung des Intercostal-Raumes.

Die Theorie Hamerniks ist von Skoda in seinem berühmten Lehrbuche der Percussion und Auscultation (6. Auflage, S. 155) vollständig widerlegt und die geschilderte Einfalzung als eine Leichen-Erscheinung bezeichnet worden; „und endlich verfällt Hamernik mit seiner Einfalzungstheorie in Widerspruch mit jenen Fällen, wo ein durch ein pleuritisches Exsudat nach rechts verdrängtes Herz, welches also gewiss aus seinem Winkel ausgehoben sein muss, dennoch ein systolisches Heben der rechten Brustwand verursacht."

Auch die Beweisführung Kiwischs konnte der Kritik Skodas nicht Stand halten.

Kiwisch nahm an, die Brustwand und das Zwerchfell bilden die Fixirungspunkte des Herzens. Die übrige Umgebung des Herzens sei nachgiebig und folge den Bewegungen des Herzens. An der Brustwand bilden nur die Rippen den starren Theil, die Zwischenrippen-Räume dagegen erscheinen mehr oder weniger nachgiebig. Finde daher eine Contraction des an der Brustwand anruhenden Herzens statt, so bilden vorzugsweise die Rippen als unnachgiebigster Theil die Fixirungs-Punkte des Herzens, an welche die anruhende Wand sich genau anschmiegt, und von denen sie sich durch keine Gewalt losreissen könne. In dieser Lage schwelle während jeder Systole das Herz an, erhärte und indem es hierbei eine mehr kugelige Form annimmt, werde es durch den Rippenrand festgehalten, in die nachgiebigen Intercostal-Räume eingetrieben und hierdurch einzig und allein die fragliche Erscheinung des Herzstosses hervorgerufen.

---

[1]) Martius, l. c. S. 204.

Diese speculative Deduction wird auch durch die einfache Thatsache widerlegt, dass der Herzstoss des Hundes noch nach Entfernung der Rippen im uneröffneten Pleura-Raume nach wie vor zustande kommt.

Die Angabe Arnolds, dass das Herz sich in toto bei der Diastole ab- und vorwärts, bei der Systole auf- und rückwärts bewege, ist im 1. Theile dieser Arbeit (Seite 42) bereits erwähnt worden. Sie stimmt mit den Thatsachen nicht überein.

Die Ergebnisse der heutezutage ermöglichten Untersuchung der Herzbewegung im geschlossenen Brustraume mittelst Röntgen-Durchleuchtung widerlegen gleichfalls sämmtliche Theorien, welche eine Locomotion des Herzens in toto für die Erklärung des Spitzenstosses zur Voraussetzung haben und stimmen mit der Beschreibung der Herz-Umformung überein, die ich im Capitel „Die Form-Veränderung des Herzens" zusammengefasst habe. Allerdings darf nicht daran vergessen werden, dass das Röntgen-Bild nur die Projection des Herzschattens auf den vorgehaltenen Schirm „die Silhouette des Herzens"[1]) ist, und dass wir durch den Schattenriss und seine Locomotion nur über die Orts-Veränderungen der Herz-Contouren unterrichtet werden.

Im Einklange mit sämmtlichen der angeführten Gründe und Beobachtungen am Menschen und am Thiere muss es nunmehr als zweifellos erscheinen, dass der Herzstoss, beziehungsweise der Spitzenstoss, vorwiegend durch die systolische Erhärtung und Form-Veränderung des Herzens bewirkt wird, und dass weder die Annahme einer Bewegung des Herzens in toto nach abwärts, noch nach aufwärts während der Systole zulässig erscheint[2]).

Es handelt sich somit darum nachzuweisen, dass das Herz auf einer hinreichend resistenten Fläche aufliegt und zwischen dieser und der vorderen Brustwand in der Weise eingelagert ist, dass es um den bei der Verlängerung seines Tiefen-Durchmessers während der Systole nöthigen Raum zu gewinnen, diese beiden Widerstände auseinander zu drängen sucht. Dieser Druck kann allerdings dem Blutdrucke gleich sein. Das Herz wird dann in normalen Fällen

---

[1]) Rosenfeld, Die Diagnostik innerer Krankheiten mittelst Röntgenstrahlen. Wiesbaden. J. F. Bergmann 1897.

[2]) Auch Skoda gab an, dass die systolische Form-Veränderung und Rigidität des Herzens bei dem Herzstosse mitwirke.

bloss den dem prominenten, systolischen Herzbuckel vorgelagerten Intercostal-Raum, in pathologischen Fällen auch andere Intercostal-Räume, unter Umständen die ganze linke Brustseite nach aussen hervorzutreiben imstande sein.

Trifft dies zu, dann ist trotz aller vorgebrachten Gegengründe der Mechanismus des Herzstosses im allgemeinen, des Spitzenstosses im besonderen dem einfachen Versuche Johannes Müllers nachgebildet, dass ein Kaninchen-Herz, auf einen Tisch gelegt, eine auf die obere Wand gelegte Münze bei der Systole in die Höhe hebt.

Der geforderte Nachweis lässt sich durch ein genaues Studium der anatomischen Verhältnisse des Herzbeutels zureichend erbringen. Ich entnahm die einschlägigen Beschreibungen den Werken von E. H. Weber[1]), Luschka[2]), Henle[3]) und Hyrtl[7]).

III.

Das freie, wandständige Pericardium ist ein in seiner natürlichen Lage und Verbindung pyramidal gestellter Sack, dessen Spitze nach aufwärts, dessen Basis nach abwärts gegen das Zwerchfell gekehrt ist. Derselbe geht innigere Verbindungen ein mit dem Diaphragma, mit der vorderen Brustwand und mit den beiden Pleurasäcken, indessen er nur lose mit den Bestandtheilen des hinteren Mittelfell-Raumes zusammenhängt.

Während bei den meisten Säugethieren der Herzbeutel mit dem Zwerchfell in keiner directen Berührung steht, sondern zwischen beiden eine einen Lungenlappen einschliessende Verlängerung des rechten Pleurasackes eingeschoben ist, ruht derselbe beim Menschen theils auf dem vorderen Lappen des Centrum tendineum, theils auf einem rechts in maximo daumen-, links kleinfingerbreiten, halbmondförmigen Segmente der Pars carnosa, ohne jedoch überall gleich fest angeheftet zu sein.

---

[1]) E. H. Weber in Hildebrandt's Anatomie.
[2]) Luschka a) Die Anatomie der Brust des Menschen. Tübingen 1862. b) Die Brustorgane des Menschen in ihrer Lage. Tübingen 1858. c) Der Herzbeutel und die Fascia endothoracica. Denkschr. der W. Kais. Academie Bd. 17. d) Die fibrösen Bänder des Herzbeutels. Zeitschr. f. rat. Med. 1858, S. 102.
[3]) Henle, l. c.
[4]) Hyrtl, l. c.

Eine innige, der Ablösung ein bedeutendes Hindernis entgegensetzende Adhärenz des Herzbeutels findet nur entlang dem vorderen Rande seiner Basis statt. Hier erfolgt überdies ein Faser-Austausch in der Weise, dass einzelne Bündelchen der Fascia endothoracica in das Gewebe der sehnigen Mitte des Zwerchfells, andere dagegen aus der letzteren an das Pericard treten. Diese Anordnung, welche in Wahrheit eine Art von Naht darstellt, trägt nicht wenig zu jener innigen Verbindung des Pericards in dem genannten Bezirke bei. Sie zeigt sich in der Regel um so fester, je älter der Mensch ist, während beim Embryo und noch beim Neugeborenen die Anheftung durch einen nachgiebigen Zellstoff geschieht, so dass es den Anschein hat, als ob die mit der Bewegung des Herzens und des Zwerchfells verbundene Dehnung des Gewebes im Verlaufe der Jahre die Ausprägung jener Qualitäten begründe.

Das fibröse Gewebe des Herzbeutels rührt hauptsächlich von der Fascia endothoracica her.

Die älteren Anatomen haben insbesondere die Anheftungen des Herzbeutels an das Zwerchfell ausführlich beschrieben. So lautet die diesbezügliche Stelle in Hildebrandt's Anatomie, III, S. 126:

„Der Herzbeutel hängt hier (am Centrum tendineum) bei Erwachsenen dem Zwerchfelle ziemlich fest an. Es beugen sich sogar Fasern, die bei älteren Personen ein sehniges Ansehen und grosse Festigkeit haben, vom Zwerchfell zu dem nicht an ihm angewachsenen Theile des Herzbeutels hinauf, überziehen ihn und machen seine Haut, die schon durch Zellgewebe verstärkt ist, dicker, die daher inwendig serös, äusserlich aber von festem Zellgewebe bedeckt und bei Erwachsenen vielleicht sogar in einigem Grade sehnig ist."

Die Verbindung des Herzbeutels mit der vorderen Brustwand wird nicht allein durch das lockere Zellgewebe bewirkt, das von den durch die Pleura nicht bedeckten Stellen desselben zum Sternum, an das Sternal-Ende des Knorpels der 5. und 6. linken Rippe, resp. an die mit ihnen in Verbindung stehenden Weichtheile zieht, auch nicht allein dadurch, das das Rippenfell sich von der vorderen Brustwand aus beiderseits als Mediastinum ununterbrochen auf das Pericard fortsetzt.

Eine wesentliche Verstärkung wird durch fibröse Bänder zustande gebracht, welche insoferne sie vom Brustbeine ausgehen Ligamenta sterno pericardiaca genannt werden müssen.

Diese Bänder sind sehnenartig glänzend, deutlich lang gefasert und besitzen eine derartige Resistenz, dass sie unter einer Belastung von mehreren Pfunden nicht zum Zerreissen gebracht werden. Beide Ligamente treten in sich verbreiternder Anheftung in die fibröse Lamelle des Herzbeutels ein[1]).

In Betreff der physiologischen Bedeutung der Ligamenta sterno-pericardiaca, sagt Luschka, lässt sich wohl mit Sicherheit annehmen, dass beide je nach der Stellung des Körpers einen verschiedenen Einfluss haben werden. Das obere Band vermag bei aufrechter Position das Gewicht des Herzbeutels auf das Zwerchfell zu mildern, das untere wird bei der horizontalen Rückenlage dem Zurückweichen des Herzens, resp. des Herzbeutels entgegenzuwirken imstande sein. —

Der Herzbeutel stellt somit im Grunde genommen eine Schleife dar, welche vom Sternum aus über die hintere Fläche des Herzens nach unten und vorne hinübergespannt ist und die das Herz in immerwährendem Contacte mit der Brustwand erhält, insoweit nicht die Lungen während der Inspiration zwischen Brust- und Herzwand sich hineindrängen und auch während der Exspiration zwischen dem Herzen und der Brustwand gelagert sind. Demzufolge weist der Herzbeutel auch an der vorderen Peripherie allenthalben seine stärksten und festesten Anlöthungen auf. Seine rückwärtige Wand, durch zahlreiche, in sie einstrahlende, fibröse Bündel ausgiebig verstärkt, ist fest genug, um für die Bewegungen des Herzens einen Rückhalt zu schaffen und die Stützfläche zu bilden, gegen welche auch die hintere Wand des Herzens während der Contraction sich anzustemmen in der Lage ist.

Die rückwärtige Wand stellt gewissermassen eine Fortsetzung des Planum inclinatum des Zwerchfells nach hinten und oben dar.

Die ganze geschilderte Anlage macht es begreiflich, dass — wie schon Luschka hervorhob — alle Individuen, an denen ein

---

[1]) Eine genaue Beschreibung dieser Ligamente findet sich besonders in Luschka: „Die fibrösen Bänder des Herzbeutels." l. c.

Spitzenstoss überhaupt vorhanden ist, denselben auch in Rückenlage aufweisen.

Bei den Säugethieren, z. B. dem Hunde, sind die Verhältnisse einfacher und daher noch übersichtlicher.

Der Herzbeutel des Hundes steht mit dem Zwerchfelle in keiner Berührung, sondern zwischen beide ist, wie erwähnt, eine einen Lungenlappen einschliessende Verlängerung des rechten Pleurasackes eingeschoben. Man möchte darnach glauben, das Pericardium stehe hier mit der Brustwand in keiner anderen Verbindung und werde dasselbe in seiner Lage durch nichts anderes gesichert, als durch seinen Zusammenhang mit dem wandständigen Brustfelle. Dies ist jedoch nicht der Fall, vielmehr ist das der Spitze des Herzens entsprechende Segment vom parietalen Blatte des Pericardium durch ein Band an die hintere Fläche vom unteren Ende des Corpus sterni angeheftet. Die Grundlage dieses Bandes ist ein an breiten elastischen Fasern sehr reiches Gewebe, welches umschlossen ist von einer aus dem Zusammenfluss von Pleura costalis und diaphragmatica entstandenen Scheide, die mit einer verhältnismässig breiten Basis dem Brustbeine zugekehrt ist. Das ganze stellt das Gekröse der hinteren Mediastinal-Platte dar, das somit, sich verbreiternd, von dem vorderen Ende des Centrum tendineum nach hinten und oben verläuft und in den Herzbeutel einstrahlt.

„Diese Befestigungen, zumal das mediastinale Gekröse, erhalten das im Herzbeutel eingeschlossene Herz des Hundes auch noch nach Eröffnung der linken Pleurahöhle schwebend im Brustraume. Die Lösung dieser Verbindungen bewirkt erst das völlige Zurücksinken des Herzens gegen die Wirbelsäule.

„Beim erwachsenen Menschen erscheint das Cavum des isolirten Herzbeutels in dem Grade weiter, als es zur Aufnahme des von Blut mässig erfüllten Herzens und der im Pericardium steckenden Gefäss-Abschnitte nöthig wäre. Diese grössere Weite des Herzbeutels ist ohne Zweifel darauf berechnet, dass die von ihm eingeschlossenen Theile in ihren, während des Lebens unaufhörlichen, räumlichen Veränderungen nicht beeinträchtigt werden. Zwar könnte man eine solche Einrichtung in Erinnerung daran entbehrlich finden, dass das Herz in normalen Verhältnissen stets nur so viel Blut empfängt, als es austreibt, daher auch bei allem Wechsel der Form und Lage das gleiche Volumen bewahren muss. Allein man darf nicht vergessen, dass die Menge des vom Herzen aufzunehmenden Blutes sich nicht immer gleich bleibt und dass der Umfang des Herzens auch schon der wandelbaren Fettbildung wegen mit der Weite des Pericardium externum nicht gleichen Schritt halten kann. Für diese und ähnliche, sich innerhalb der Grenzen der Normalität bewegende Vorkommnisse ist wohl jene grössere Weite vorgesehen.

Dieser Überschuss der Capacität des Herzbeutels muss jedoch unter gewöhnlichen Verhältnissen durch die andrängenden Lungen sofort aufgehoben werden.

Solange der parietale Herzbeutel mit nachbarlichen Theilen in natürlichem Verbande steht, entspricht er im Wesentlichen dem Umfange des Pericardium viscerale. Bei geschlossenem Brustraume drängen sich die Lungen innig an den Herzbeutel an und schiebt sich namentlich der mediale Rand ihrer Basis keilartig so in den Sinus pleurae phrenico-pericardiacus, dass nirgends die Bildung weder von Runzeln, noch von Falten Platz greifen kann. Erst wenn dieser Einfluss aufgehoben ist, lässt sich das Pericardium externum leicht verschieben."

Von grossem Einflusse, der sich noch an der Leiche präcise feststellen lässt, darauf, dass der Herzbeutel in der geschlossenen Brusthöhle stets wie ein Zelt ausgespannt erhalten wird, ist der in dem Pleura-Raume herrschende zuerst durch Donders[1]) in hydrostatischem Masse ausgedrückte negative Druck[2]).

„Bei den Fluss-Schildkröten, die eine sehr grosse, serumreiche Herzbeutelhöhle haben, ist die Herzspitze oder vielmehr der Theil, der der Herzspitze des Menschen entspricht, durch ein **eigenes Band** am Grunde des Herzbeutels angeheftet; dies ist beim Menschen nicht der Fall, aber man kann doch seine Herzspitze nicht als ganz frei beweglich betrachten. Der eng umschliessende, an seine Umgebungen befestigte Herzbeutel muss bei der geringen Menge von Liquor pericardii, welche er enthält, die Bewegungen der Herzspitze in hohem Grade beschränken, so dass bei der Verkürzung der Ventrikel durch die Systole die Ostien gegen die Herzspitze herabsteigen, was erleichtert wird dadurch, dass einerseits Aorta und Arteria pulmonalis durch das

---

[1]) Donders, Zeitsch. f. rat. Med. N. F. III, p. 287 und IV, p. 241.
[2]) Diesen wertvollen Hinweis verdanke ich Herrn Professor Zuckerkandl.

einströmende Blut verlängert werden, andererseits Blut durch Hohl- und Lungenvenen in die Vorhöfe nachfliesst. Sobald nun aber die Systole beendigt ist, beginnen Aorta und Lungenarterie sich vermöge ihrer Elasticität wieder zu verkürzen und da nichts mehr den Übertritt des Blutes aus den Vorhöfen in die Ventrikel hindert, so ist es natürlich, dass die Ostien wieder gehoben werden.

Man kann eigentlich nicht sagen, dass das Blut in die Ventrikel ergossen werde, da die Ortsveränderung desselben nur gering ist; man drückt sich richtiger aus, wenn man sagt, die Ventrikel werden über das Blut hinübergezogen." (Brücke, Sitzber. d. Kaiserl. Akademie d. Wissenschaften. 14. S. 348. 1855.)

Am blossgelegten Herzen des Säugethieres kann man jedoch unter physiologischen Verhältnissen keine Verlängerung der grossen Gefässe beobachten.

Der durch das systolische Hinabrücken der Basis frei werdende Raum im Herzbeutel wird zweifellos durch die zur nämlichen Zeit sich erweiternden Vorhöfe ausgefüllt. Man könnte daher vielleicht zutreffend sagen, dass sich die Theile des Herzens innerhalb der Pericardial-Höhle in ihrer gegenseitigen Lage selbst bestimmen.

Es muss auch darauf hingewiesen werden, dass die Lage des Herzens zwischen Brustwand und nach vorne abgeschrägter Zwerchfell-Fläche allein (v. Dusch[1]) die Fixation begünstigt, und dass die Verlöthungen des Herzbeutels mit der Wand der durch ihre eigenen Fixationen und Ramificationen befestigten Gefässe als mittelbar unterstützende Factoren seiner Unverschieblichkeit unter völlig normalen Verhältnissen zu betrachten sind.

Wir sehen somit in dem geschlossenen Brustraume des Menschen und jedes Thieres, das einen sicht- oder fühlbaren Herzstoss besitzt, alle Bedingungen vorhanden, die ein Ausweichen des Herzens nach rückwärts, nach oben oder nach abwärts verhindern und die eine Übertragung der Umformungs- und der partiellen Bewegungs-Erscheinungen des systolischen Herzens auf die linke vordere Brustwand zur Folge haben.

---

[1] v. Dusch, l. c. S. 22.

Je nach der Ausdehnung des von der Lunge nicht bedeckten Theiles der Pericardial-Wand, der Contractionskraft des Herzens, der Dicke der Brustwand, dem Grade der Festigkeit des Pericards wird diese Übertragung, die ich den „Ausdruck der Herzbewegungen an der Thoraxwand" genannt habe, verschieden sein. Denkbar ist, dass eine im gegebenen Falle vorhandene Nachgiebigkeit oder Erschlaffung der Fixationen und der Bänder des Herzbeutels ein Ausweichen des systolisch erhärtenden Herzens ermöglichen kann, und dass sich auch auf diese Weise eine Reihe von Fällen mangelnden Spitzenstosses und abnorm beweglichen Herzens erklärt. Eine hierauf zielende Untersuchung könnte die anatomischen Grundlagen für diese Annahme zu erbringen imstande sein.

Eine Totalbewegung des Herzens findet im geschlossenen Brustraume nicht statt.